STUDENT SOLUTIONS MANUAL

Gloria E. Langer
University of Colorado at Boulder

CALCULUS

WITH APPLICATIONS
to the Management, Social,
Behavioral, and Biomedical Sciences

Geoffrey C. Berresford
Department of Mathematics
C.W. Post College
Long Island University

PRENTICE HALL
Englewood Cliffs, New Jersey 07632

Editorial/production supervision: Barbara Marttine
Manufacturing buyer: Paula Messanaro

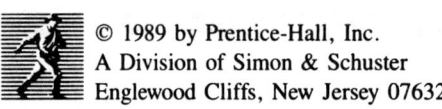
© 1989 by Prentice-Hall, Inc.
A Division of Simon & Schuster
Englewood Cliffs, New Jersey 07632

All rights reserved. No part of this book may be
reproduced, in any form or by any means,
without permission in writing from the publisher.

Printed in the United States of America

10 9 8 7 6 5 4 3 2 1

ISBN   0-13-110636-8

Prentice-Hall International (UK) Limited, *London*
Prentice-Hall of Australia Pty. Limited, *Sydney*
Prentice-Hall Canada Inc., *Toronto*
Prentice-Hall Hispanoamericana, S.A., *Mexico*
Prentice-Hall of India Private Limited, *New Delhi*
Prentice-Hall of Japan, Inc., *Tokyo*
Simon & Schuster Asia Pte. Ltd., *Singapore*
Editora Prentice-Hall do Brasil, Ltda., *Rio de Janeiro*

CONTENTS

Chapter 1 Functions 1

Chapter 2 Derivatives and Their Uses 10

Chapter 3 Further Application of The Derivative 32

Chapter 4 Exponential and Logarithmic Function 73

Chapter 5 Integration and Its Applications 87

Chapter 6 Integration Techniques and Differential Equations 107

Chapter 7 Calculus of Several Variables 136

CHAPTER 1

FUNCTIONS

Exercises 1.1 Exponents

1. $(2^2 \cdot 2)^2 = (2^3)^2 = 2^6 = 64$ (with annotations: $2+1$ over 2^3, $3 \cdot 2$ over 2^6)

5. $(\frac{1}{2})^{-3} = (\frac{2}{1})^3 = \frac{2^3}{1^3} = 8$

9. $4^{-2} \cdot 2^{-1} = \frac{1}{4^2} \cdot \frac{1}{2} = \frac{1}{16} \cdot \frac{1}{2} = \frac{1}{32}$

13. $(\frac{1}{3})^{-2} - (\frac{1}{2})^{-3} = (\frac{3}{1})^2 - (\frac{2}{1})^3 = \frac{3^2}{1^2} - \frac{2^3}{1^3} = 9 - 8 = 1$

17. $25^{\frac{1}{2}} = \sqrt{25} = 5$

21. $16^{\frac{3}{4}} = (\sqrt[4]{16})^3 = 2^3 = 8$

25. $(-8)^{\frac{5}{3}} = (\sqrt[3]{-8})^5 = (-2)^5 = -32$

29. $(\frac{27}{125})^{\frac{2}{3}} = \left(\sqrt[3]{\frac{27}{125}}\right)^2 = (\frac{3}{5})^2 = \frac{9}{25}$

33. $4^{-\frac{1}{2}} = (\frac{1}{4})^{\frac{1}{2}} = \sqrt{\frac{1}{4}} = \frac{1}{2}$

37. $8^{-\frac{2}{3}} = (\frac{1}{8})^{\frac{2}{3}} = \left(\sqrt[3]{\frac{1}{8}}\right)^2 = (\frac{1}{2})^2 = \frac{1}{4}$

41. $(-8)^{-\frac{2}{3}} = (-\frac{1}{8})^{\frac{2}{3}} = \left(\sqrt[3]{-\frac{1}{8}}\right)^2 = (-\frac{1}{2})^2 = \frac{1}{4}$

45. $(\frac{25}{16})^{-\frac{3}{2}} = (\frac{16}{25})^{\frac{3}{2}} = \left(\sqrt{\frac{16}{25}}\right)^3 = (\frac{4}{5})^3 = \frac{64}{125}$

49. $7^{0.39} \approx 2.14$

    (For most calculators, press 7, then $\boxed{y^x}$, then .39, then $\boxed{=}$
    Answer: 2.135936 ≈ 2.14, rounded to two decimal places.)

2   Calculus 1.1

53. $(x^3 \cdot x^2)^2 = (x^5)^2 \overset{3+2}{} = x^{10} \overset{5 \cdot 2}{}$

57. $((x^2)^2)^2 = x^{2 \cdot 2 \cdot 2} = x^8$

61. $\dfrac{(5xy^4)^2}{25x^3y^3} = \dfrac{5^2x^2y^{4 \cdot 2}}{25x^3y^3} = \dfrac{25x^2y^8}{25x^3y^3} = \dfrac{x^2y^8}{x^3y^3} = \dfrac{y^{8-3}}{x^{3-2}} = \dfrac{y^5}{x}$

65. $\dfrac{(2u^2vw^3)^2}{4(uw^2)^2} = \dfrac{2^2u^4v^2w^6}{4u^2w^4} = u^{4-2}v^2w^{6-4} = u^2v^2w^2$

69. $(x+1)^{-5} = (\dfrac{1}{x+1})^5 = \dfrac{1}{(x+1)^5}$

73. $\dfrac{1}{(x^2+1)^2(x^2+5)^3} = (\dfrac{1}{x^2+1})^2(\dfrac{1}{x^2+5})^3 = (x^2+1)^{-2}(x^2+5)^{-3}$

77. $\sqrt[3]{(x+3)^2} = [(x+3)^2]^{\frac{1}{3}} = (x+3)^{\frac{2}{3}}$

81. $(2x+3)^{\frac{5}{4}} = \sqrt[4]{(2x+3)^5}$ or $(\sqrt[4]{2x+3})^5$

85. $\dfrac{1}{\sqrt[5]{(3x+2)^7}} = \dfrac{1}{[(3x+2)^7]^{\frac{1}{5}}} = \left[\dfrac{1}{(3x+2)^7}\right]^{\frac{1}{5}} = [(3x+2)^7]^{-\frac{1}{5}} = (3x+2)^{-\frac{7}{5}}$

89. $(x+1)^{-\frac{3}{4}} = (\dfrac{1}{x+1})^{\frac{3}{4}} = \dfrac{1}{(x+1)^{\frac{3}{4}}} = \dfrac{1}{\sqrt[4]{(x+1)^3}}$ or $\dfrac{1}{(\sqrt[4]{x+1})^3}$

91. [average body thickness]
    $= 0.4 \text{ (hip-to-shoulder length)}^{\frac{3}{2}}$
    $= 0.4(16)^{\frac{3}{2}}$
    $= 0.4(4)^3 = 0.4(64) = 25.6 \text{ ft}$

93. Costs change $\approx x^{0.6}C$
    $\approx 3^{0.6}C$ $(x = 3)$
    $\approx 1.93C$

Costs would be multiplied by 1.93. (Note that the tripling capacity roughly doubles costs.)

Chapter 1.1 Functions   3

95. (heart rate) = 250 (weight)$^{-\frac{1}{4}}$

   = 250 (16)$^{-\frac{1}{4}}$ (16 pound dog)

   = 250 ($\frac{1}{2}$) = 125 beats per minute

97. [Time to build plane number n] = 150n$^{-.322}$ thousand hours

   = 150(50)$^{-.322}$ thousand hours (50th Boeing 707)

   ≈ 150(0.2837472) thousand hours

   ≈ 42.562087 thousand hours

   ≈ 42.6 thousand hours or about 42,600 hours, rounded to the nearest hundred hours.

Exercises 1.2   Functions

1. g(w) = $\sqrt{w - 1}$

    The domain of g(w) is {w | w ≥ 1}

    g(10) = $\sqrt{10 - 1}$ = $\sqrt{9}$ = 3

5. h(x) = x$^{\frac{1}{4}}$

    The domain of h(x) is {x | x ≥ 0}

    h(81) = (81)$^{\frac{1}{4}}$ = 3

9. h(x) = x$^{-\frac{4}{3}}$

    The domain of h(x) is {x | x ≠ 0}

    h(27) = (27)$^{-\frac{4}{3}}$ = ($\frac{1}{27}$)$^{\frac{4}{3}}$ = $\frac{1}{3^4}$ = $\frac{1}{81}$

13.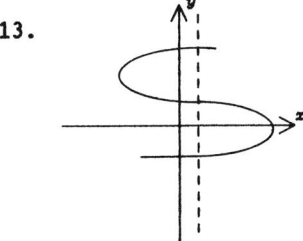

No; this is <u>not</u> the graph of a function of <u>x</u>, because there is a vertical line (shown dashed) that intersects the curve at more than one point.

4   Calculus   1.2

17.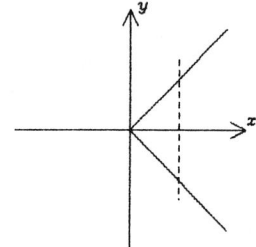

No; the vertical line intersects the curve at more than one point.

21.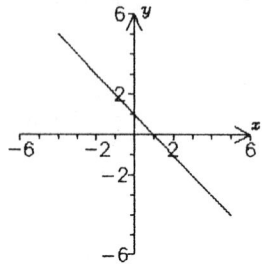

$f(x) = -x + 1$
$f(1) = -1 + 1 = 0$ Point: (1,0)
$f(0) = -0 + 1 = 1$ Point: (0,1)

25.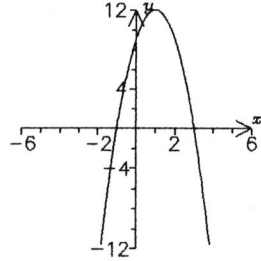

$f(x) = -3x^2 + 6x + 9$

The vertex formula

$x = \dfrac{-b}{2a} = \dfrac{-6}{2(-3)} = \dfrac{-6}{-6} = 1$

The vertex is at x = 1. We choose two x-values on either side of x = 1.

x = -1   y = f(-1) = $-3(-1)^2 + 6(-1) + 9 = 0$

x = 0   y = f(0) = $-3(0)^2 + 6(0) + 9 = 9$

x = 1   y = f(1) = $-3(1)^2 + 6(1) + 9 = 12$

x = 2   y = f(2) = $-3(2)^2 + 6(2) + 9 = 9$

x = 3   y = f(3) = $-3(3)^2 + 6(3) + 9 = 0$

Plotting these points and drawing a smooth curve through them, gives the graph shown above.

29. $x^2 - 6x + 8 = (x - 2)(x - 4)$
   (product from -2 and -4; sum from -2 and -4)

We want numbers whose product is 8 and whose sum is -6.

UNIVERSITY OF MARYLAND
College Park, Maryland

OFFICIAL EXAMINATION BOOK

From: The Code of Student Conduct

A student found responsible for any act of academic dishonesty, including a first offense, will be subject to "suspension from the University, unless specific and significant mitigating factors are present." A disciplinary record for academic dishonesty will also be available to prospective employers and other educational institutions, in accordance with University regulations.

Students are encouraged to report academic dishonesty. Dial 454-4746 and ask for the "Campus Advocate."

Instructor's symbol

Grade: 3

Student: T. Young

Subject: 220   Section: _____

Date: 3/24/87

This booklet is provided by the University of Maryland exclusively for examinations. Its possession is authorized only when distributed by a member of the faculty of the University. Examination rules are set forth on the back cover of this Examination Book.

Academic Dishonesty

A. Cheating - intentionally using or attempting to use unauthorized materials, information or study aids in any academic exercise.

B. Fabrication - intentional and unauthorized falsification or invention of any information or citation in an academic exercise.

C. Facilitating academic dishonesty - intentionally or knowingly helping or attempting to help another to commit an act of academic dishonesty.

D. Plagiarism - intentionally or knowingly representing the words or ideas of another as one's own in any academic exercise.

> To report academic dishonesty dial 454-4746. Ask for the Campus Advocate.

3

$$f(x) = (x+2)^4 - 1$$
$$f'(x) = 4(x+2)^3 \cancel{(x)} \times$$
$$f''(x) = 12(x+2)^2$$

Max/min

$$4(x+2)^3 (x)$$
$$(4x+8)^3 (x)$$
$$(64x + 512)(x)$$
$$64x^2 + 512x$$
$$64x + 512$$
$$64x = -512$$
$$x = 8 \quad \text{x int}$$
$$f(8) = (8+2)^4 - 1$$
$$= (10)^4 - 1$$
$$= 9,999 \quad \text{MAX} \times$$
$$8, 9,999$$

y int set $x \to 0$

y int = 15

Concavity

$$12(x+2)^2$$
$$(12x+2)^2$$
$$144x + 4$$
$$x = -144 - 4$$
$$x = -148$$

Concave up

$$f(-148) = (-148+2)^4 - 1$$
$$= (-146)^4 - 1 \quad \text{inf pt} \times$$

8,9999 MAX

15

X

8

$(-146)^4 -1$

Inf. Pe

$xy = \frac{75}{x}$ ✗

$c = (4w)10 + (2w)5$

$= 40w + 10w$

$= 40\left(\frac{75}{x}\right) + 10\left(\frac{75}{x}\right)$

$= \frac{3000}{40x} + \frac{750}{10x}$

$= 75y + 75x$

$= 150x$

$= *150$ ✗

EXAMINATION RULES

1. All unauthorized materials (e.g., books, notes, calculators) must be left with the proctor before the student is seated.

2. Students should be seated at least every other seat apart, or its equivalent; i.e., about three feet. Where this arrangement is not possible some means must be provided to protect the integrity of the examination.

3. If mathematical tables are required in an examination, they shall be furnished by the instructor. If text books are used, this rule does not apply.

4. Proctors must exercise all diligence to prevent dishonesty and to enforce proper examination decorum, including abstention from smoking.

5. No student who leaves an examination room will be permitted to return, except in unusual circumstances, in which case permission to do so must be granted by the proctor prior to the student's absence.

6. All conversation will cease prior to the passing out of examination papers, and silence will be maintained in the room during the entire exam period.

7. Examination papers will be placed face down on the writing desk until the examination is officially begun by the proctor.

8. Examination papers will be kept flat on the writing desk at all times.

Form Number 200M 1-1-86 Rev. 9-80

Chapter 1.2 Functions 5

33. $x^2 - 7x = x(x - 7)$

37. $3x^2 + 9x - 12 = 3(x^2 + 3x - 4) = 3(x + 4)(x - 1)$

41. $3x^2 - 12x + 12 = 3(x^2 - 4x + 4) = 3(x - 2)^2$

45. $x^2 - 6x - 7 = 0$
    $(x - 7)(x + 1) = 0$ factoring
    $x - 7 = 0$ or $x + 1 = 0$ finding x-values that make each
    $x = 7$ or $x = -1$ factor zero

49. $2x^2 + 40 = 18x$ 53. $2x^2 - 50 = 0$
    $2x^2 - 18x + 40 = 0$ $2(x^2 - 25) = 0$
    $2(x^2 - 9x + 20) = 0$ $2(x - 5)(x + 5) = 0$
    $2(x - 5)(x - 4) = 0$ $x - 5 = 0$ or $x + 5 = 0$
    $x - 5 = 0$ or $x - 4 = 0$ $x = 5$ or $x = -5$
         $x = 5$ or $x = 4$

57. $-4x^2 + 12x = 8$ 61. $3x^2 + 12 = 0$
    $-4x^2 + 12x - 8 = 0$ $3(x^2 + 4) = 0$
    $-4(x^2 - 3x + 2) = 0$ $x^2 + 4 = 0$
    $-4(x - 2)(x - 1) = 0$ $x^2 = -4$
    $x - 2 = 0$ or $x - 1 = 0$ $x = \pm \sqrt{-4}$,
         $x = 2$ or $x = 1$ no solutions

65. $p(d) = 0.45d + 15$

   (a) $p(6) = 0.45(6) + 15$
          $= 2.7 + 15 = 17.7$

   At the bottom of a 6 foot deep swimming pool, the pressure is 17.7 pounds per square inch.

   (b) $p(35,000) = 0.45(35000) + 15$
                  $= 15750 + 15 = 15,765$

   At maximum ocean depth of 35,000 feet, the pressure is 15,765 pounds per square inch.

6   Calculus 1.2

69. $v(x) = 5.45\sqrt{x}$ miles per hour. The velocity with which a marble will strike the ground if dropped from the 1454 foot Sears Tower is given by $v(1454) = 5.45\sqrt{1454}$ miles per hour.
$$\approx 207.816 \text{ miles per hour}$$
$$\text{or about 208 miles per hour}$$

Exercises 1.3 Functions, continued

1. $f(x) = \dfrac{x + 5}{x - 7}$

    Domain: $\{x \mid x \neq 7\}$

    $f(6) = \dfrac{6 + 5}{6 - 7} = \dfrac{11}{-1} = -11$

5. $g(x) = 4^x$

    Domain: $\mathbb{R}$

    $g(-\tfrac{1}{2}) = 4^{-\tfrac{1}{2}} = \tfrac{1}{2}$

9. $5x^3 - 20x = 0$

    $5x(x^2 - 4) = 0$

    $5x(x - 2)(x + 2) = 0$

    $5x = 0$ or $x - 2 = 0$ or $x + 2 = 0$

    Therefore the solutions are:

    $x = 0$, $x = 2$, and $x = -2$

13. $6x^5 + 30x^4 = 0$

    $6x^4(x + 5) = 0$

    $6x^4 = 0$ or $x + 5 = 0$

    Solutions: $x = 0$ and $x = -5$

17. $f(x) = \begin{cases} 2x - 7 & \text{if } x \geq 4 \\ 2 - x & \text{if } x < 4 \end{cases}$ The line $y = 2x - 7$ for $x \geq 4$
    The line $y = 2 - x$ for $x < 4$

Chapter 1.3 Functions   7

Step 1: To graph f(x) = 2x - 7 if x ≥ 4 use the endpoint x = 4, along with x = 5 (or any other x ≥ 4).

x	y = 2x - 7	Point
4	y = 2(4) - 7 = 8 - 7 = 1	(4,1)
5	y = 2(5) - 7 = 10 - 7 = 3	(5,3)

Draw the line through these points (from x = 4 to the <u>right only</u>).

Step 2: For the other "piece", f(x) = 2 - x if x < 4, use the endpoint x = 4 (but plotting it with an "open circle" since it is excluded from this part).

x	y = 2 - x	Point
4	y = 2 - 4 = -2	(4,-2)
2	y = 2 - 2 = 0	(2,0)

Draw the line through these points (from x = 4 to the <u>left only</u>).

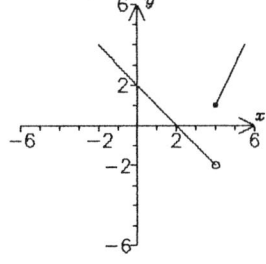

21. f(x) = $\begin{cases} 8 - 2x & \text{if } x \geq 2 \\ x + 2 & \text{if } x < 2 \end{cases}$

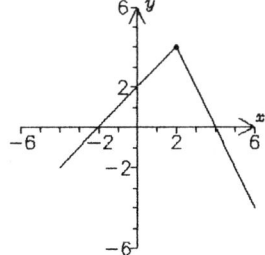

	x	y		Point
x ≥ 2		y = 8 - 2x		
	2	y = 8 - 2(2) = 8 - 4 = 4		(2,4)
	4	y = 8 - 2(4) = 8 - 8 = 0		(4,0)
x < 2		y = x + 2		
	2	y = 2 + 2 = 4		(2,4)
	0	y = 0 + 2 = 2		(0,2)

8   Calculus   1.3

25. $f(x) = 5x^2$

(a) $f(x+h) = 5(x+h)^2$ $\qquad$ $f(x) = 5x^2$ with x replaced
      $= 5(x^2 + 2xh + h^2)$ $\qquad\qquad$ by x + h, then
      $= 5x^2 + 10xh + 5h^2$ $\qquad\qquad$ expand $(x+h)^2 = x^2 + 2xh + h^2$

(b) $f(x+h) - f(x) = \underbrace{5(x+h)^2}_{f(x+h)} - \underbrace{5x^2}_{f(x)}$

$\qquad\qquad = 5x^2 + 10xh + 5h^2 - 5x^2 \quad$ using $f(x+h)$ from part (a)

$\qquad\qquad = \cancel{5x^2} + 10xh + 5h^2 - \cancel{5x^2} \quad$ cancelling

$\qquad\qquad = 10xh + 5h^2$

$\qquad\qquad\quad$ or $h(10x + 5)$ or $5h(2x + h)$

29. $f(x) = 5x^2$

$\dfrac{f(x+h) - f(x)}{h} = \dfrac{\overbrace{5(x+h)^2}^{f(x+h)} - \overbrace{5x^2}^{f(x)}}{h}$

$\qquad\qquad = \dfrac{5x^2 + 10xh + 5h^2 - 5x^2}{h} \qquad$ expanding

$\qquad\qquad = \dfrac{\cancel{5x^2} + 10xh + 5h^2 - \cancel{5x^2}}{h} \qquad$ cancelling

$\qquad\qquad = \dfrac{10xh + 5h^2}{h} = \dfrac{5h(2x+h)}{h} \qquad$ factoring 5h from the top

$\qquad\qquad = \dfrac{5\cancel{h}(2x+h)}{\cancel{h}} = \begin{array}{l} 5(2x+h) \\ \text{or } 10x + 5h \end{array} \qquad$ dividing top and bottom by h

33. $f(x) = 7x^2 - 3x + 2$

$\dfrac{f(x+h) - f(x)}{h} = \dfrac{\overbrace{7(x+h)^2 - 3(x+h+2)}^{f(x+h)} - \overbrace{(7x^2 - 3x + 2)}^{f(x)}}{h}$

$\qquad\qquad = \dfrac{\cancel{7x^2} + 14xh + 7h^2 - \cancel{3x} - 3h + \cancel{2} - \cancel{7x^2} + \cancel{3x} - \cancel{2}}{h}$

$\qquad\qquad = \dfrac{14xh + 7h^2 - 3h}{h} = \dfrac{\cancel{h}(14x + 7h - 3)}{\cancel{h}}$

$\qquad\qquad = 14x + 7h - 3$

37. $f(x) = \dfrac{2}{x}$

$$\dfrac{f(x+h) - f(x)}{h} = \dfrac{\overbrace{\dfrac{2}{x+h}}^{f(x+h)} - \overbrace{\dfrac{2}{x}}^{(f(x))}}{h}$$

$$= \dfrac{1}{h}\left[\dfrac{2}{x+h} - \dfrac{2}{x}\right] = \dfrac{1}{h}\left[\dfrac{2x}{x(x+h)} - \dfrac{2(x+h)}{x(x+h)}\right]$$

$$= \dfrac{1}{h}\left[\dfrac{2x - 2x - 2h}{x(x+h)}\right] = \dfrac{1}{h}\dfrac{-2h}{x(x+h)} = \dfrac{-2}{x(x+h)}$$

41. $P(y) = 514(1.007)^y$ where y is the number of years since 1700. If the year is 1750, then y = 1750 - 1700 = 50. The world population in the year 1750 is given by:

$P(50) = 514(1.007)^{50}$

$\approx 514(1.4173383) \approx 728.51189$

or about 729 million people.

10   Calculus   2.1

CHAPTER 2

DERIVATIVES AND THEIR USES

Exercises 2.1   Limits and Continuity

1. The graph is continuous.

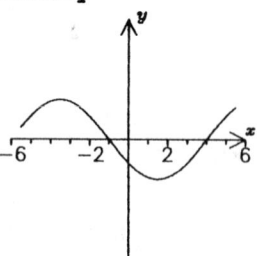

5. The graph is discontinuous at $x = -2$, $x = 1$, and $x = 3$, where there are jumps.

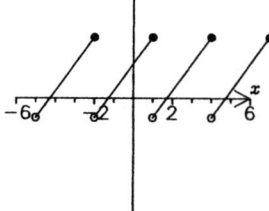

9. $f(x) = 8x^4 + 4x^3 - 7x + 1$

   This is a polynomial function, which is continuous at all x.

13. $f(x) = \dfrac{x^2}{(x-3)(x+4)}$.

    Discontinuous at $x = 3$ and $x = -4$, where the denominator of the function is zero.

17. $\lim\limits_{x \to 5} \dfrac{3x^2 - 5x}{7x - 10} = \dfrac{3(5)^2 - 5(5)}{7(5) - 10} = \dfrac{50}{25} = 2$

21. $\lim\limits_{s \to 9} (s^{\frac{3}{2}} - 4s^{\frac{1}{2}}) = 9^{\frac{3}{2}} - 4(9)^{\frac{1}{2}} = 27 - 4(3) = 15$

25. $\lim\limits_{x \to 4} \sqrt{x^2 + x + 5} = \sqrt{4^2 + 4 + 5} = \sqrt{25} = 5$ (if $\sqrt{x^2 + x + 5}$ is a function, then the square root sign must mean the positive square root).

Chapter 2.1 Derivatives and Their Uses   11

29. $\lim_{h \to 0} (2x^2 + 4xh + h^2) = 2x^2 + 4x(0) + 0^2 = 2x^2$

33. $\lim_{h \to 0} \dfrac{2xh - 3h^2}{h} = \lim_{h \to 0} (2x - 3h) = 2x - 3(0) = 2x$

37. $\lim_{h \to 0} \dfrac{4x^2h + xh^2 - h^2}{h} = \lim_{h \to 0} (4x^2 + xh - h) = 4x^2 + x(0) - 0 = 4x^2$

41. $\lim_{x \to 4} \dfrac{1}{x - 4}$

   Substituting $x = 4$ gives the undefined expression $\dfrac{1}{0}$, which means that we cannot use direct substitution.
   Substituting numbers close to 4,

   at $x = 3.99$ $\dfrac{1}{x - 4} = \dfrac{1}{3.99 - 4} = \dfrac{1}{-.01} = -100$

   at $x = 4.01$ $\dfrac{1}{x - 4} = \dfrac{1}{4.01 - 4} = \dfrac{1}{.01} = 100$

   } Values very far apart

   For x-values even closer to 4, the results are even further apart:

   at $x = 3.999$ $\dfrac{1}{x - 4} = \dfrac{1}{3.999 - 4} = \dfrac{1}{-.001} = -1000$

   at $x = 4.001$ $\dfrac{1}{x - 4} = \dfrac{1}{4.001 - 4} = \dfrac{1}{.001} = 1000$

   } Values even further apart

   It is clear that as x approaches 4, the function $\dfrac{1}{x - 4}$ does not approach any single number.

   Therefore, the limit $\lim_{x \to 4} \dfrac{1}{x - 4}$ does not exist.

45. $\lim_{h \to 0} \dfrac{h}{h + 1} = \dfrac{0}{0 + 1} = 0$ The limit exists and equals 0.

49. $\lim_{v \to c} \sqrt{1 - \left(\dfrac{v}{c}\right)^2} = \sqrt{1 - \left(\dfrac{c}{c}\right)^2} = \sqrt{1 - 1^2} = \sqrt{0} = 0$ or 0 feet

Exercises 2.2   Instantaneous Rates of Change and Slopes

1. temperature = $f(x) = x^2 - 8x + 110$ after x minutes.

12   Calculus   2.2

The instantaneous rate of change of the temperature at any time x is given by:

(a) $F'(x) = \lim_{h \to 0} \dfrac{F(x+h) - F(x)}{h}$

$= \lim_{h \to 0} \dfrac{(x+h)^2 - 8(x+h) + 110 - (x^2 - 8x + 110)}{h}$

$= \lim_{h \to 0} \dfrac{x^2 + 2xh + h^2 - 8x - 8h + 110 - x^2 + 8x - 110}{h}$

$= \lim_{h \to 0} \dfrac{2xh - 8h + h^2}{h}$

$= \lim_{h \to 0} (2x - 8 + h) = 2x - 8 + 0 = 2x - 8$ degrees per minute

(b) $F'(2) = 2(2) - 8 = 4 - 8 = -4$

After two minutes the temperature is decreasing at the rate of 4 degrees per minute.

(c) $F'(5) = 2(5) - 8 = 10 - 8 = 2$.

After five minutes the temperature is increasing at the rate of 2 degrees per minute.

5. temperature $= T(x) = -x^2 + 5x + 100$ $(1 < x < 5)$.

(a) The instantaneous rate of change of the patient's temperature for any day x is given by:

$T'(x) = \lim_{h \to 0} \dfrac{T(x+h) - T(x)}{h}$

$= \lim_{h \to 0} \dfrac{-(x+h)^2 + 5(x+h) + 100 - (-x^2 + 5x + 100)}{h}$

$= \lim_{h \to 0} \dfrac{-(x^2 + 2xh + h^2) + 5x + 5h + 100 + x^2 - 5x - 100}{h}$

$= \lim_{h \to 0} \dfrac{-2xh + 5h - h^2}{h} = \lim_{h \to 0} (-2x + 5 - h)$

$= -2x + 5 - 0$

$= -2x + 5$ degrees per day

(b) $T'(2) = -2(2) + 5 = 1$

On day 2 the temperature is increasing at a rate of 1 degree per day.

Chapter 2.2 Derivatives and Their Uses

(c) $T'(3) = -2(3) + 5 = -1$

On **day 3** the temperature is decreasing at a rate of 1 degree per day.

(d) The answers tell nothing about the patient's health on days 2 and 3 without knowing his or her initial temperature. If the patient were initially feverish, then he or she is more healthy on day 3, when the temperature is dropping, then on day 2, when it is rising. On **day 2** the patient's condition is improving, whereas on **day 2** his or her condition is deteriorating.

9. $f(x) = 3x - 4$

(a) $f'(x) = \lim_{h \to 0} \dfrac{f(x + h) - f(x)}{h}$

$= \lim_{h \to 0} \dfrac{3(x + h) - 4 - (3x - 4)}{h}$

$= \lim_{h \to 0} \dfrac{3x + 3h - 4 - 3x + 4}{h}$

$= \lim_{h \to 0} \dfrac{3h}{h} = \lim_{h \to 0} 3 = 3$

(b) The graph of $f(x) = 3x - 4$ is a straight line with slope 3.

13. $f(x) = mx + b$, m and b constant.

(a) $f'(x) = \lim_{h \to 0} \dfrac{f(x + h) - f(x)}{h}$

$= \lim_{h \to 0} \dfrac{m(x + h) + b - (mx + b)}{h}$

$= \lim_{h \to 0} \dfrac{mx + mh + b - mx - b}{h}$

$= \lim_{h \to 0} \dfrac{mh}{h} = \lim_{h \to 0} m = m$

(b) The graph of $f(x) = mx + b$ is a straight line with slope m.

17. $f(x) = x^3$

$f'(x) = \lim_{h \to 0} \dfrac{f(x + h) - f(x)}{h} = \lim_{h \to 0} \dfrac{(x + h)^3 - x^3}{h}$

14   Calculus 2.2

$$= \lim_{h \to 0} \frac{x^3 + 3x^2h + 3xh^2 + h^3 - x^3}{h} = \lim_{h \to 0} \frac{3x^2h + 3xh^2 + h^3}{h}$$

$$= \lim_{h \to 0} \frac{h(3x^2 + 3xh + h^2)}{h} = \lim_{h \to 0} (3x^2 + 3xh + h^2)$$

$$= 3x^2 + 3x(0) + 0^2 = 3x^2$$

21. $f(x) = \frac{1}{x^2}$

$$f'(x) = \lim_{h \to 0} \frac{f(x+h) - f(x)}{h} = \lim_{h \to 0} \frac{\frac{1}{(x+h)^2} - \frac{1}{x^2}}{h}$$

$$= \lim_{h \to 0} \frac{\frac{x^2 - (x+h)^2}{x^2(x+h)^2}}{h} = \lim_{h \to 0} \frac{x^2 - (x+h)^2}{hx^2(x+h)^2}$$

$$= \lim_{h \to 0} \frac{x^2 - (x^2 + 2xh + h^2)}{hx^2(x^2 + 2xh + h^2)} = \lim_{h \to 0} \frac{-2xh - h^2}{h(x^4 + 2x^3h + x^2h^2)}$$

$$= \lim_{h \to 0} \frac{h(-2x - h)}{h(x^4 + 2x^3h + x^2h^2)} = \lim_{h \to 0} \frac{-2x - h}{x^4 + 2x^3h + x^2h^2}$$

$$= \frac{-2x - 0}{x^4 + 2x^3(0) + x^2(0)} = \frac{-2x}{x^4} = \frac{-2}{x^3}$$

Exercises 2.3   Some Differentiation Formulas

1. $f(x) = x^4$; $f'(x) = 4x^{4-1} = 4x^3$

5. $f(x) = x^{\frac{1}{2}}$; $f'(x) = \frac{1}{2} x^{\frac{1}{2} - 1} = \frac{1}{2} x^{-\frac{1}{2}}$

9. $g(w) = 6\sqrt[3]{w} = 6w^{\frac{1}{3}}$; $g'(w) = \frac{1}{3}(6) w^{\frac{1}{3} - 1} = 2w^{-\frac{2}{3}}$

13. $f(x) = 4x^2 - 3x + 2$

   $f'(x) = 2(4) x^{2-1} - 3x^{1-1} + 0 = 8x - 3(1) = 8x - 3$

17. $h(x) = 6\sqrt[3]{x^2} - \frac{12}{\sqrt[3]{x}} = 6x^{\frac{2}{3}} - 12x^{-\frac{1}{3}}$

   $h'(x) = \frac{2}{3}(6) x^{\frac{2}{3} - 1} - (-\frac{1}{3})(12) x^{-\frac{1}{3} - 1} = 4x^{-\frac{1}{3}} + 4x^{-\frac{4}{3}}$

Chapter 2.3 Derivatives and Their Uses

21. (a) $f(x) = 2$

$f'(x) = 0$, because 2 is a constant.

(b) The graph of the constant function $f(x) = 2$ is a horizontal line and, therefore, has slope 0.

(c) Since $f(x)$ is a constant function, the instantaneous rate of change of $f(x)$ is zero everywhere.

25. $g(w) = 12w^{\frac{2}{3}}$; $g'(w) = \frac{2}{3}(12)w^{\frac{2}{3}-1} = 8w^{-\frac{1}{3}}$

$g'(8) = 8(8)^{-\frac{1}{3}} = \frac{8}{\sqrt[3]{8}} = \frac{8}{2} = 4$

29. $f(x) = 6\sqrt[3]{x^2} - \frac{48}{\sqrt[3]{x}} = 6x^{\frac{2}{3}} - 48x^{-\frac{1}{3}}$

$f'(x) = \frac{2}{3}(6)x^{\frac{2}{3}-1} - (-\frac{1}{3})(48)x^{-\frac{1}{3}-1} = 4x^{-\frac{1}{3}} + 16x^{-\frac{4}{3}}$

$f'(8) = 4(8)^{-\frac{1}{3}} + 16(8)^{-\frac{4}{3}} = \frac{4}{8^{\frac{1}{3}}} + \frac{16}{8^{\frac{4}{3}}}$

$= \frac{4}{2} + \frac{16}{(2^3)^{\frac{4}{3}}} = 2 + \frac{16}{2^4} = 2 + \frac{16}{16} = 2 + 1 = 3$

33. $g(w) = 120w^{\frac{2}{5}}$

$\frac{dg}{dw} = \frac{2}{5}(120)w^{\frac{2}{5}-1} = 48w^{-\frac{3}{5}}$

$\frac{dg}{dw}\bigg|_{w=32} = 48(32)^{-\frac{3}{5}} = 48(2^5)^{-\frac{3}{5}} = 48(2^{-3}) = \frac{48}{8} = 6$

37. $f(x) = \frac{16}{\sqrt{x}} + 8\sqrt{x} = 16x^{-\frac{1}{2}} + 8x^{\frac{1}{2}}$

$\frac{df}{dx} = -\frac{1}{2}(16)x^{-\frac{1}{2}-1} + \frac{1}{2}(8)x^{\frac{1}{2}-1} = -8x^{-\frac{3}{2}} + 4x^{-\frac{1}{2}}$

$\frac{df}{dx}\bigg|_{x=4} = -8(4)^{-\frac{3}{2}} + 4(4)^{-\frac{1}{2}} = -8(\frac{1}{8}) + 4(\frac{1}{2}) = -1 + 2 = 1$

41. $P(x) = 12,000,000 - 12,000x + 600x^2 + 100x^3$

(a) The population's rate of change in x years is $P'(x)$;

$P'(x) = 0 - 12,000 \frac{dx}{dx} + 2(600)x^{2-1} + 3(100)x^{3-1}$

$= -12,000 + 1200x + 300x^2$

16 Calculus 2.3

(b) $P'(1) = -12{,}000 + 1200(1) + 300(1) = -10{,}500$.

One year from now the teen-age population is decreasing by about 10,500 people per year.

(c) $P'(10) = -12{,}000 + 1200(10) + 300(10)^2$
$= -12{,}000 + 12{,}000 + 300(100) = 30{,}000$.

Ten years from now the teen-age population is increasing by about 30,000 people per year.

45. $A(t) = 0.01t^2$, $1 \le t \le 5$.

The instantaneous rate of change of the cross-sectional area x hours after administration of nitroglycerine is given by:

$A'(t) = 2(0.01)t^{2-1} = 0.02t$

$A'(4) = 0.02(4) = 0.08$

After four hours the cross-sectional area is increasing by about 0.08 cm² per hour

49. $U(x) = 100\sqrt{x} = 100x^{\frac{1}{2}}$

(a) $MU(x) = U'(x) = \frac{1}{2}(100)x^{\frac{1}{2}-1} = 50x^{-\frac{1}{2}}$

(b) $MU(1) = U'(1) = 50(1)^{-\frac{1}{2}} = 50$

The marginal utility of the first dollar is 50.

(c) $MU(1{,}000{,}000) = U'(1{,}000{,}000)$
$= 50(10^6)^{-\frac{1}{2}} = 50(10)^{-3} = \frac{50}{1000} = 0.05$

The first dollar is perceived as 1000 times more valuable than the millionth.

Exercises 2.4 The Product and Quotient Rules

1. **(a)** $\frac{d}{dx}(x^4 \cdot x^6) = (\frac{d}{dx}x^4)(x^6) + x^4 \frac{d}{dx}(x^6)$
$= 4x^3(x^6) + x^4(6x^5) = 4x^9 + 6x^9 = 10x^9$

(b) $\frac{d}{dx}(x^4 \cdot x^6) = \frac{d}{dx}(x^{10}) = 10x^9$

Chapter 2.4 Derivatives and Their Uses 17

5. Let $f(x) = x^4$ and $g(x) = x^6$, then $f'(x) = 4x^3$ and $g'(x) = 6x^5$.

$f \cdot g = x^4 \cdot x^6$

$f' \cdot g' = 4x^3 \cdot 6x^5$

$= 24x^8 \neq 10x^9 \left[(f \cdot g)' = \dfrac{d(x^{10})}{dx} = 10x^9; \text{ see problem 1} \right]$

9. $f(x) = x^2(x^3 + 1)$

$\dfrac{df}{dx} = (\dfrac{d}{dx} x^2)(x^3 + 1) + x^2 \dfrac{d}{dx}(x^3 + 1)$

$= 2x(x^3 + 1) + x^2(3x^2 + 0) = 2x^4 + 2x + 3x^4 = 5x^4 + 2x$

13. $f(x) = (x^2 + x)(3x + 1)$

$\dfrac{df}{dx} = \left[\dfrac{d}{dx}(x^2 + x) \right](3x + 1) + (x^2 + x)\dfrac{d}{dx}(3x + 1)$

$= (2x + 1)(3x + 1) + (x^2 + x)(3)$

$= 6x^2 + 5x + 1 + 3x^2 + 3x = 9x^2 + 8x + 1$

17. (a) $\dfrac{d}{dx}(\dfrac{x^8}{x^2}) = \dfrac{x^2 \dfrac{d}{dx}(x^8) - (\dfrac{d}{dx} x^2)(x^8)}{(x^2)^2}$

$= \dfrac{x^2(8x^7) - (2x)(x^8)}{x^4} = \dfrac{8x^9 - 2x^9}{x^4} = \dfrac{6x^9}{x^4} = 6x^5$

(b) $\dfrac{d}{dx}(\dfrac{x^8}{x^2}) = \dfrac{d}{dx} x^6 = 6x^5$

21. Let $f(x) = x^8$ and $g(x) = x^2$, then $f'(x) = 8x^7$ and $g'(x) = 2x$.

$\dfrac{f}{g} = \dfrac{x^8}{x^2}$

$\dfrac{f'}{g'} = \dfrac{8x^7}{2x} = 4x^6 \neq 6x^5 \left[(\dfrac{f}{g})' = \dfrac{d}{dx}(x^6) = 6x^5; \text{ see problem 17.} \right]$

25. $f(x) = \dfrac{x^4 + 1}{x^3}$

$\dfrac{df}{dx} = \dfrac{x^3 \dfrac{d}{dx}(x^4 + 1) - (\dfrac{d}{dx} x^3)(x^4 + 1)}{(x^3)^2}$

18 Calculus 2.4

$$= \frac{x^3(4x^3) - (3x^2)(x^4+1)}{x^6}$$

$$= \frac{4x^6 - 3x^6 - 3x^2}{x^6} = \frac{x^6 - 3x^2}{x^6} = \frac{x^4 - 3}{x^4}$$

29. $f(t) = \frac{t^2-1}{t^2+1}$

$$\frac{df}{dt} = \frac{(t^2+1)\frac{d}{dt}(t^2-1) - \left[\frac{d}{dt}(t^2+1)\right](t^2-1)}{(t^2+1)^2}$$

$$= \frac{(t^2+1)(2t) - (2t)(t^2-1)}{(t^2+1)^2}$$

$$= \frac{2t[(t^2+1) - (t^2-1)]}{(t^2+1)^2} = \frac{2t(2)}{(t^2+1)^2} = \frac{4t}{(t^2+1)^2}$$

33. $f(x) = \frac{x}{\sqrt{x}}$

$$\frac{df}{dx} = \frac{\sqrt{x}\frac{d}{dx}x - (\frac{d}{dx}\sqrt{x})x}{(\sqrt{x})^2}$$

$$= \frac{\sqrt{x}(1) - \frac{1}{2}x^{-\frac{1}{2}}(x)}{x} = \frac{\sqrt{x} - \frac{\sqrt{x}}{2}}{x} = \frac{\sqrt{x}}{2x} = \frac{1}{2\sqrt{x}}$$

$$\left.\frac{df}{dx}\right|_{x=4} = \frac{1}{2\sqrt{4}} = \frac{1}{2 \cdot 2} = \frac{1}{4}$$

37. $\frac{d}{dx}[f(x)]^2 = \frac{d}{dx}[f(x) \cdot f(x)]$

$$= \left[\frac{d}{dx}f(x)\right]f(x) + f(x)\frac{d}{dx}f(x)$$

$$= f'(x) \cdot f(x) + f(x) \cdot f'(x) = 2f(x) \cdot f'(x)$$

41. $C(x) = \frac{100}{100-x}$ cents, $50 \leq x < 100$

The instantaneous rate of change of the cost with respect to purity is given by:

(a) $C'(x) = \dfrac{(100-x)(\frac{d}{dx}100) - \left[\frac{d}{dx}(100-x)\right](100)}{(100-x)^2}$

$$= \frac{(100-x)(0) - (-1)(100)}{(100-x)^2} = \frac{100}{(100-x)^2}$$

(b) $\dfrac{dc}{dx}\bigg|_{x=95} = \dfrac{100}{(100-95)^2} = \dfrac{100}{5^2} = \dfrac{100}{25} = 4$

For a water purity of 95% the rate of cost change is increasing by 4¢ per additional percent of purity.

(c) $\dfrac{dC}{dx}\bigg|_{x=98} = \dfrac{100}{(100-98)^2} = \dfrac{100}{2^2} = \dfrac{100}{4} = 25$

For a water purity of 98% the rate of cost change is increasing 25¢ per additional percent of purity.

45. $T(x) = x^3(4-x^2) + 98.6, \quad x \leq 2$

The rate of change of the temperature after x hours is given by:

$T'(x) = \dfrac{dT}{dx} = \left(\dfrac{d}{dx}x^3\right)(4-x^2) + x^3\dfrac{d}{dx}(4-x^2) + \dfrac{d}{dx}(98.6)$

$ = 3x^2(4-x^2) + x^3(-2x) + 0 = 12x^2 - 3x^4 - 2x^4 = 12x^2 - 5x^4$

$\dfrac{dT}{dx}\bigg|_{x=1} = 12(1)^2 - 5(1)^4 = 12 - 5 = 7$

After one hour the temperature is increasing by 7 degrees per hour.

49. $\dfrac{d}{dx}\dfrac{(x^2+3)(x^3+1)}{x^2+2}$

$= \dfrac{(x^2+2)\cdot\dfrac{d}{dx}\left[(x^2+3)(x^3+1)\right] - \left[\dfrac{d}{dx}(x^2+2)\right]\left[(x^2+3)(x^3+1)\right]}{(x^2+2)^2}$

$= \dfrac{(x^2+2)\left(\left[\dfrac{d}{dx}(x^2+3)\right](x^3+1) + (x^2+3)\dfrac{d}{dx}(x^3+1)\right) - 2x\left[(x^2+3)(x^3+1)\right]}{(x^2+2)^2}$

$= \dfrac{(x^2+2)[(2x)(x^3+1) + (x^2+3)(3x^2)] - 2x(x^2+3)(x^3+1)}{(x^2+2)^2}$

$= \dfrac{(x^2+2)(2x^4+2x+3x^4+9x^2) - (2x)(x^5+3x^3+x^2+3)}{(x^2+2)^2}$

$= \dfrac{2x^6+2x^3+3x^6+9x^4+4x^4+4x+6x^4+18x^2-2x^6-6x^4-2x^3-6x}{(x^2+2)^2}$

$= \dfrac{3x^6+13x^4+18x^2-2x}{(x^2+2)^2}$

20   Calculus 2.5

Exercises 2.5   Higher Order Derivatives

1. $f(x) = x^4 - 2x^3 - 3x^2 + 5x - 7$

   (a) $f'(x) = 4x^3 - 3(2)x^2 - 2(3)x + 5 - 0 = 4x^3 - 6x^2 - 6x + 5$

   $f''(x) = 3(4)x^2 - 2(6)x - 6 + 0 = 12x^2 - 12x - 6$

   (b) $f''(2) = 12(2)^2 - 12(2) - 6 = 12(4) - 30 = 18$

   (c) $f'''(x) = 2(12)x - 12 - 0 = 24x - 12$

   (d) $f'''(2) = 24(2) - 12 = 48 - 12 = 36$

   (e) $f^{(4)}(x) = 24$

   (f) $f^{(5)}(x) = 0$

5. $f(x) = \sqrt{x^5} = x^{\frac{5}{2}}$

   (a) $f'(x) = \frac{5}{2} x^{\frac{3}{2}}$

   $f''(x) = \frac{3}{2} (\frac{5}{2}) x^{\frac{1}{2}} = \frac{15}{4} \sqrt{x}$

   (b) $f''(4) = \frac{15}{4} \sqrt{4} = \frac{15}{4}(2) = \frac{15}{2}$

   (c) $f'''(x) = \frac{d}{dx}(\frac{15}{4} x^{\frac{1}{2}}) = \frac{1}{2}(\frac{15}{4})x^{-\frac{1}{2}} = \frac{15}{8} x^{-\frac{1}{2}} = \frac{15}{8\sqrt{x}}$

   (d) $f'''(4) = \frac{15}{8\sqrt{4}} = \frac{15}{8 \cdot 2} = \frac{15}{16}$

   (e) $f^{(4)}(x) = \frac{d}{dx}(\frac{15}{8} x^{-\frac{1}{2}}) = -\frac{1}{2}(\frac{15}{8})x^{-\frac{3}{2}} = \frac{-15}{16} x^{-\frac{3}{2}}$

   (f) $f^{(5)}(x) = \frac{d}{dx}(\frac{-15}{16} x^{-\frac{3}{2}}) = -\frac{3}{2}(\frac{-15}{16})x^{-\frac{5}{2}} = \frac{45}{32} x^{-\frac{5}{2}}$

9. $f(x) = \frac{x+1}{2x} = \frac{x}{2x} + \frac{1}{2x} = \frac{1}{2} + \frac{1}{2} x^{-1}$

   (a) $f'(x) = 0 - \frac{1}{2} x^{-2} = -\frac{1}{2} x^{-2}$

   $f''(x) = -2(\frac{-1}{2})x^{-3} = x^{-3} = \frac{1}{x^3}$

Chapter 2.5 Derivatives and Their Uses 21

(b) $f''(3) = \frac{1}{3^3} = \frac{1}{27}$

13. $f(x) = (x^2 - 2)(x^2 + 3) = x^4 + x^2 - 6$

    $f'(x) = 4x^3 + 2x$

    $f''(x) = 12x^2 + 2$

17. $f(x) = \dfrac{x}{x - 1}$

    $f'(x) = \dfrac{(x - 1)\frac{dx}{dx} - \left[\frac{d}{dx}(x - 1)\right](x)}{(x - 1)^2}$

    $= \dfrac{(x - 1)(1) - (1)(x)}{(x - 1)^2} = \dfrac{-1}{(x - 1)^2} = \dfrac{-1}{x^2 - 2x + 1}$

    $f''(x) = \dfrac{(x^2 - 2x + 1)\frac{d}{dx}(-1) - \frac{d}{dx}(x^2 - 2x + 1)(-1)}{[(x - 1)^2]^2}$

    $= \dfrac{0 - (2x - 2)(-1)}{(x - 1)^4} = \dfrac{2x - 2}{(x - 1)^4} = \dfrac{2(x - 1)}{(x - 1)^4} = \dfrac{2}{(x - 1)^3}$

21. $\dfrac{d}{dx} x^{10} = 10x^9$

    $\dfrac{d^2}{dx^2} x^{10} = \dfrac{d}{dx} 10x^9 = 90x^8$

    $\dfrac{d^2}{dx^2}\bigg|_{x=-1} = 90(-1)^8 = 90$

25. $\dfrac{d}{dx} \sqrt{x^3} = \dfrac{d}{dx} x^{\frac{3}{2}} = \dfrac{3}{2} x^{\frac{1}{2}}$

    $\dfrac{d^2}{dx^2} \sqrt{x^3} = \dfrac{d}{dx} \left(\dfrac{3}{2} x^{\frac{1}{2}}\right) = \dfrac{3}{4} x^{-\frac{1}{2}}$

    $\dfrac{d^2}{dx^2} \sqrt{x^3}\bigg|_{x=1/16} = \dfrac{3}{4} \left(\dfrac{1}{16}\right)^{-\frac{1}{2}} = \dfrac{3}{4} \sqrt{16} = 3$

29. $\dfrac{d}{dx} (f \cdot g) = \dfrac{df}{dx} \cdot g + f \cdot \dfrac{dg}{dx}$

$$\frac{d^2}{dx^2}(f \cdot g) = \frac{d}{dx}\left(\frac{df}{dx} \cdot g + f \cdot \frac{dg}{dx}\right) \qquad \left[\text{or } \frac{d}{dx}(f' \cdot g + f \cdot g')\right]$$

$$= \frac{d}{dx}\left(\frac{df}{dx} \cdot g\right) + \frac{d}{dx}\left(f \cdot \frac{dg}{dx}\right) \qquad \left[\text{or } \frac{d}{dx}(f' \cdot g) + \frac{d}{dx}(f \cdot g')\right]$$

$$= \frac{d^2 f}{dx^2} \cdot g + \frac{df}{dx} \cdot \frac{dg}{dx} + \frac{df}{dx} \cdot \frac{dg}{dx} + f \cdot \frac{d^2 g}{dx^2}$$

$$\qquad\qquad\qquad [\text{or } f'' \cdot g + f' \cdot g' + f' \cdot g' + f \cdot g'']$$

$$= f'' \cdot g + 2f' \cdot g' + f \cdot g''$$

33. $h(t) = t^3 + 0.5t^2$

velocity $= \frac{dh}{dt} = 3t^2 + 2(0.5)t = 3t^2 + t$

$\left.\frac{dh}{dt}\right|_{t=10} = 3(10)^2 + 10 = 310$ ft/sec

acceleration $= \frac{d^2 h}{dt^2} = \frac{dv}{dt} = \frac{d}{dt}(3t^2 + t) = 6t + 1$

$\left.\frac{d^2 h}{dt^2}\right|_{t=10} = 6(10) + 1 = 61$ ft/sec^2

37. $s(t) = -16t^2 + 1280t$

(a) velocity $= \frac{ds}{dt} = -2(16)t + 1280 = -32t + 1280$

(b) When s is maximum, $\frac{ds}{dt} = 0$

$-32t + 1280 = 0$

$32t = 1280$

$t = 40$ seconds

(c) At $t = 40$, $s = -16(40)^2 + 1280(40)$

$= -25,600 + 51,200$

$= 25,600$ feet

41. $L(t) = 30 - 4t^{-\frac{1}{2}}$

$L'(t) = -\left(-\frac{1}{2}\right)(4)t^{-\frac{3}{2}} = 2t^{-\frac{3}{2}}$ ft/yr

$L'(4) = 2(4)^{-\frac{3}{2}} = \frac{2}{8} = \frac{1}{4}$ ft/yr

After 4 years the average sea level will be rising by 3 inches per year.

$L''(t) = \frac{d}{dt}(2t^{-\frac{3}{2}})$

$= -\frac{3}{2}(2)t^{-\frac{5}{2}} = -3t^{-\frac{5}{2}}$ ft/yr^2

$L''(4) = -3(4)^{-\frac{5}{2}} = \frac{-3}{32}$ ft/yr^2

After 4 years the rate of increase of the sea level is slowing by about $\frac{3}{32}$ feet per year.

45. $\frac{d}{dx}\left(\frac{x}{x^2+1}\right) = \frac{(x^2+1)\left(\frac{dx}{dx}\right) - x\frac{d}{dx}(x^2+1)}{(x^2+1)^2}$

$= \frac{x^2+1-x(2x)}{(x^2+1)^2} = \frac{1-x^2}{(x^2+1)^2} = \frac{1-x^2}{x^4+2x^2+1}$

$\frac{d^2}{dx^2}\left(\frac{x}{x^2+1}\right) = \frac{d}{dx}\left(\frac{1-x^2}{x^4+2x^2+1}\right)$

$= \frac{(x^4+2x^2+1)\frac{d}{dx}(1-x^2) - (1-x^2)\frac{d}{dx}(x^4+2x^2+1)}{[(x^2+1)^2]^2}$

$= \frac{(x^4+2x^2+1)(-2x) - (1-x^2)(4x^3+4x)}{(x^2+1)^4}$

$= \frac{(x^2+1)[(x^2+1)(-2x) - (1-x^2)(4x)]}{(x^2+1)^4}$

$= \frac{-2x^3 - 2x - 4x + 4x^3}{(x^2+1)^3}$

$= \frac{2x(x^2-3)}{(x^2+1)^3}$

Exercises 2.6 The Chain Rule and the Generalized Power Rule

1. $f(x) = x^5$, $g(x) = 7x - 1$

   (a) $f(g(x)) = [g(x)]^5$ $\rightarrow$ $f(x) = x^5$ with x replaced by $g(x)$

   $= (7x - 1)^5$ $\rightarrow$ using $g(x) = 7x - 1$

   (b) $g(f(x)) = 7[f(x)] - 1 =$ $\rightarrow$ $g(x) = 7x - 1$ with x replaced by $f(x)$

   $= 7x^5 - 1$ $\rightarrow$ using $f(x) = x^5$

24 Calculus 2.6

5. $f(x) = x^3 - x^2$, $g(x) = \sqrt{x} - 1$

   (a) $f(g(x)) = [g(x)]^3 - [g(x)]^2 = (\sqrt{x} - 1)^3 - (\sqrt{x} - 1)^2$

   (b) $g(f(x)) = \sqrt{f(x)} - 1 = \sqrt{x^3 - x^2} - 1$

9. $f(g(x)) = \sqrt{x^2 - 3x + 1}$

   outside function
   (square root)

   For $\underbrace{\sqrt{x^2 - 3x + 1}}_{\text{inside function}} = f(g(x))$ we take $\begin{cases} f(x) = \sqrt{x} \\ g(x) = x^2 - 3x + 1 \end{cases}$

13. $f(g(x)) = \dfrac{x^3 + 1}{x^3 - 1}$

   $f(x) = \dfrac{x + 1}{x - 1}$

   $g(x) = x^3$

17. $f(g(x)) = \sqrt{x^2 - 9} + 5$

   $f(x) = \sqrt{x} + 5$

   $g(x) = x^2 - 9$

21. $g(x) = \underbrace{(9x - 4)}_{\text{inside function}}{}^5$

   bring   power   derivative of
   down   n - 1   inside function

   $g'(x) = 5(9x - 4)^4 (9)$

   $= 45(9x - 4)^4$

25. $f(x) = \sqrt{x^4 - 5x + 1} = (x^4 - 5x + 1)^{\frac{1}{2}}$

   $f'(x) = \frac{1}{2}(x^4 - 5x + 1)^{-\frac{1}{2}}(4x^3 - 5)$

   $= \dfrac{4x^3 - 5}{2\sqrt{x^4 - 5x + 1}}$

Chapter 2.6 Derivatives and Their Uses 25

29. $\quad y = (x^2 + 9)^{200}$

$\quad\quad y' = 200(x^2 + 9)^{199}(2x)$

$\quad\quad\quad = 400x(x^2 + 9)^{199}$

33. $\quad y = (2 - x)^{40}$

$\quad\quad y' = 40(2 - x)^{39}(-1)$

$\quad\quad\quad = -40(2 - x)^{39}$

37. $\quad y = x^4 + (1 - x)^4$

$\quad\quad y' = 4x^3 + 4(1 - x)^3(-1)$

$\quad\quad\quad = 4x^3 - 4(1 - x)^3$

41. $\quad G(w) = \sqrt{2w^3 + 3w^2} = (2w^3 + 3w^2)^{\frac{1}{2}}$

$\quad\quad G'(w) = \frac{1}{2}(2w^3 + 3w^2)^{-\frac{1}{2}}(6w^2 + 6w) = (2w^3 + 3w^2)^{-\frac{1}{2}}(3w^2 + 3w)$

$\quad\quad\quad = \frac{3w^2 + 3w}{\sqrt{2w^3 + 3w^2}} = \frac{3w(w + 1)}{\sqrt{2w^3 + 3w^2}}$

45. $\quad f(x) = [(x^2 + 1)^3 + x]^3$

$\quad\quad f'(x) = 3[(x^2 + 1)^3 + x]^2 [3(x^2 + 1)^2 (2x) + 1]$

$\quad\quad\quad = 3[(x^2 + 1)^3 + x]^2 [6x(x^2 + 1)^2 + 1]$

49. $\quad f(x) = \frac{(x + 1)^2}{x^2}$

$\quad\quad f'(x) = \frac{x^2 \frac{d}{dx}(x + 1)^2 - (x + 1)^2 \frac{d}{dx} x^2}{x^4}$

$\quad\quad\quad = \frac{x^2 [2(x + 1)] - (x + 1)^2 (2x)}{x^4}$

$\quad\quad\quad = \frac{2x(x + 1)[x - (x + 1)]}{x^4}$

$\quad\quad\quad = \frac{-2(x + 1)}{x^3} = \frac{-2x - 2}{x^3}$

53. $\quad f(x) = \frac{\sqrt{x} - 1}{\sqrt{x} + 1}$

$\quad\quad f'(x) = \frac{(\sqrt{x} + 1)\frac{d}{dx}(\sqrt{x} - 1) - (\sqrt{x} - 1)\frac{d}{dx}(\sqrt{x} + 1)}{(\sqrt{x} + 1)^2}$

26 Calculus 2.6

$$= \frac{(\sqrt{x} + 1)(\frac{1}{2\sqrt{x}}) - (\sqrt{x} - 1)(\frac{1}{2\sqrt{x}})}{(\sqrt{x} + 1)^2}$$

$$= \frac{\frac{1}{2\sqrt{x}}[(\sqrt{x} + 1) - (\sqrt{x} - 1)]}{(\sqrt{x} + 1)^2}$$

$$= \frac{2}{2\sqrt{x}(\sqrt{x} + 1)^2} = \frac{1}{\sqrt{x}(\sqrt{x} + 1)^2}$$

57. $f(x) = \sqrt{1 + \sqrt{x}} = (1 + x^{\frac{1}{2}})^{\frac{1}{2}}$

$f'(x) = \frac{1}{2}(1 + x^{\frac{1}{2}})^{-\frac{1}{2}}(\frac{1}{2}x^{-\frac{1}{2}}) = \frac{1}{4}x^{-\frac{1}{2}}(1 + x^{\frac{1}{2}})^{-\frac{1}{2}}$

$$= \frac{1}{4\sqrt{x}\sqrt{1 + \sqrt{x}}} = \frac{1}{4\sqrt{x + x\sqrt{x}}}$$

61. **(a)** $\frac{d}{dx}(\frac{1}{3x + 1}) = \frac{(3x + 1)\frac{d}{dx}(1) - (1)\frac{d}{dx}(3x + 1)}{(3x + 1)^2}$

$$= \frac{0 - 3}{(3x + 1)^2} = \frac{-3}{(3x + 1)^2}$$

(b) $\frac{d}{dx}(3x + 1)^{-1} = -(3x + 1)^{-2}(3) = -3(3x + 1)^{-2}$

$$= \frac{-3}{(3x + 1)^2}$$

65. $C(x) = \sqrt{4x^2 + 900} = (4x^2 + 900)^{\frac{1}{2}}$

The marginal cost function is given by

$MC(x) = C'(x) = \frac{1}{2}(4x^2 + 900)^{-\frac{1}{2}}(8x) = 4x(4x^2 + 900)^{-\frac{1}{2}}$

$$= \frac{4x}{\sqrt{4x^2 + 900}}$$

$MC(20) = C'(20) = \frac{4(20)}{\sqrt{4(20)^2 + 900}} = \frac{80}{\sqrt{2500}} = \frac{80}{50} = 1.60$

The cost of producing the 21st item will be about $1.60.

69. $R(x) = 4x\sqrt{11 + 0.5x} = 4x(11 + 0.5x)^{\frac{1}{2}}$

$R'(x) = 4x(\frac{1}{2})(11 + 0.5x)^{-\frac{1}{2}}(0.5) + 4(11 + 0.5x)^{\frac{1}{2}}$

$$= \frac{x}{\sqrt{11 + 0.5x}} + 4\sqrt{11 + 0.5x}$$

Chapter 2.6 Derivatives and Their Uses 27

The sensitivity to a dose of 50mg is

$$R'(50) = \frac{50}{\sqrt{11 + 0.5(50)}} + 4\sqrt{11 + 0.5(50)}$$

$$= \frac{50}{\sqrt{11 + 25}} + 4\sqrt{11 + 25}$$

$$= \frac{50}{\sqrt{36}} + 4\sqrt{36} = \frac{50}{6} + 24 = \frac{25 + 72}{3} = \frac{97}{3} = 32\frac{1}{3}$$

Exercises 2.7 Non-Differentiable Functions and a Review of Chapter Two

1. $\lim\limits_{x \to 5} (3x^2 - 10x + 1) = 3(5)^2 - 10(5) + 1 = 75 - 50 + 1 = 26$

5. $\lim\limits_{x \to 3} \frac{1}{x - 3}$ does not exist since as x approaches 3, the function $\frac{1}{x-3}$ does not approach any single number.

For example:

at $x = 2.99$ $\quad \frac{1}{2.99 - 3} = \frac{1}{-0.01} = -100$

at $x = 3.01$ $\quad \frac{1}{3.01 - 3} = \frac{1}{0.01} = 100$

values very far apart

9. $f(x) = \frac{3}{x}$

$f'(x) = \lim\limits_{h \to 0} \frac{f(x+h) - f(x)}{h} = \lim\limits_{h \to 0} \frac{\frac{3}{x+h} - \frac{3}{x}}{h}$

$= \lim\limits_{h \to 0} \frac{3x - 3(x+h)}{h[x(x+h)]} = \lim\limits_{h \to 0} \frac{-3h}{h[x(x+h)]}$

$= \lim\limits_{h \to 0} \frac{-3}{x(x+h)} = \frac{-3}{x \cdot x} = \frac{-3}{x^2}$

check: $\frac{d}{dx}(\frac{3}{x}) = \frac{d}{dx}(3x^{-1}) = -3x^{-2} = \frac{-3}{x^2}$

13. $f(x) = (x^2 + 5)(x^2 - 5) = x^4 - 25$

$f'(x) = 4x^3$ or $f'(x) = 2x(x^2 - 5) + (x^2 + 5)2x = 4x^3$

17. $y = \frac{x - 1}{x + 1}$

28 Calculus 2.7

$$y' = \frac{(x+1)\frac{d}{dx}(x-1) - (x-1)\frac{d}{dx}(x+1)}{(x+1)^2}$$

$$= \frac{(x+1)-(x-1)}{(x+1)^2} = \frac{2}{(x+1)^2}$$

21. $h(z) = (4z^2 - 3z + 1)^3$

$h'(z) = 3(4z^2 - 3z + 1)^2(8z - 3) = \dfrac{24z - 9}{(4z^2 - 3z + 1)^2}$

25. $f(x) = \sqrt{x^2 - x + 2} = (x^2 - x + 2)^{\frac{1}{2}}$

$f'(x) = \dfrac{1}{2}(x^2 - x + 2)^{-\frac{1}{2}}(2x - 1) = \dfrac{2x - 1}{2\sqrt{x^2 - x + 2}}$

29. $W(z) = \sqrt[3]{6z - 1} = (6z - 1)^{\frac{1}{3}}$

$W'(z) = \dfrac{1}{3}(6z - 1)^{-\frac{2}{3}}(6) = 2(6z - 1)^{-\frac{2}{3}} = \dfrac{2}{(6z - 1)^{\frac{2}{3}}}$

33. $f(x) = \left(\dfrac{1}{1-x}\right)^{10} = \dfrac{1}{(1-x)^{10}} = (1-x)^{-10}$

$f'(x) = -10(1-x)^{-11}(-1) = 10(1-x)^{-11} = \dfrac{10}{(1-x)^{11}}$

37. $f(x) = [(2x^2 + 1)^4 + x^4]^3$

$f'(x) = 3[(2x^2 + 1)^4 + x^4]^2 [4(2x^2 + 1)^3(4x) + 4x^3]$

$= 3[(2x^2 + 1)^4 + x^4]^2 [16x(2x^2 + 1)^3 + 4x^3]$

$= 12x[(2x^2 + 1)^4 + x^4]^2 [4(2x^2 + 1)^3 + x^2]$

41. $f(x) = (3x + 1)^4 (4x + 1)^3$

$f'(x) = 4(3x + 1)^3(3)(4x + 1)^3 + (3x + 1)^4(3)(4x + 1)^2(4)$

$= 12(3x + 1)^3(4x + 1)^3 + 12(3x + 1)^4(4x + 1)^2$

$= 12(3x + 1)^3(4x + 1)^2[(4x + 1) + (3x + 1)]$

$= 12(3x + 1)^3(4x + 1)^2(7x + 2)$

Chapter 2.7 Derivatives and Their Uses

45. $f(x) = \dfrac{(x+4)^3}{x^2}$

$f'(x) = \dfrac{x^2[3(x+4)^2] - (x+4)^3(2x)}{x^4}$

$= \dfrac{x(x+4)^2[3x - 2(x+4)]}{x^4} = \dfrac{3x(x+4)^2 - 2(x+4)^3}{x^3} = \dfrac{(x+4)^2(x-8)}{x^3}$

49. $f(x) = 12\sqrt{x^3} - 9\sqrt[3]{x} = 12x^{\frac{3}{2}} - 9x^{\frac{1}{3}}$

$f'(x) = \dfrac{3}{2}(12)x^{\frac{1}{2}} - \dfrac{1}{3}(9)x^{-\frac{2}{3}} = 18x^{\frac{1}{2}} - 3x^{-\frac{2}{3}}$

$f''(x) = \dfrac{1}{2}(18)x^{-\frac{1}{2}} - (-\dfrac{2}{3})(3)x^{-\frac{5}{3}}$

$= 9x^{-\frac{1}{2}} + 2x^{-\frac{5}{3}}$

53. $h(w) = (2w^2 - 4)^5$

$h'(w) = 5(2w^2 - 4)^4(4w) = 20w(2w^2 - 4)^4$

$h''(w) = 20w(2w^2 - 4)^4 + 20w[4(2w^2 - 4)^3(4w)]$

$= 20(2w^2 - 4)^4 + 320w^2(2w^2 - 4)^3$

$= 20(2w^2 - 4)^3[2w^2 - 4 + 16w^2] = 20(2w^2 - 4)^3(18w^2 - 4)$

$= 40(2w^2 - 4)^3(9w^2 - 2)$

57. $f(x) = \dfrac{1}{x^2} = x^{-2}$

$f'(x) = -2x^{-3}$

$f'(\dfrac{1}{2}) = -2(\dfrac{1}{2})^{-3} = 2(2^{-1})^{-3} = -2(8) = -16$

61. $f(x) = \dfrac{2}{x^3} = 2x^{-3}$

$f'(x) = -3(2)x^{-4} = -6x^{-4}$

$f''(x) = -4(-6)x^{-5} = 24x^{-5}$

$f''(-1) = 24(-1)^{-5} = -24$

30   Calculus 2.7

65. $\dfrac{d}{dx}\sqrt{x^5} = \dfrac{d}{dx} x^{\frac{5}{2}} = \dfrac{5}{2} x^{\frac{3}{2}}$

$\dfrac{d^2}{dx^2}\sqrt{x^5} = \dfrac{d}{dx}(\dfrac{5}{2} x^{\frac{3}{2}}) = \dfrac{3}{2}(\dfrac{5}{2}) x^{\frac{1}{2}} = \dfrac{15}{4} x^{\frac{1}{2}}$

$\dfrac{d^2}{dx^2}\sqrt{x^5} \Big|_{x=16} = \dfrac{15}{4}\sqrt{16} = \dfrac{15}{4} \cdot 4 = 15$

69. The graph has "corners" at $x = -3$ and $x = 3$, and is discontinuous at $x = 1$. The derivative of the function does not exist at these values of x.

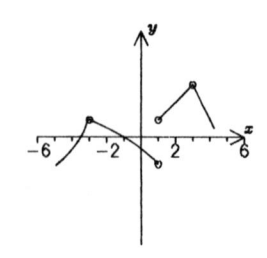

73. $T(x) = 65 - 10x^{-1}$

$T'(x) = -1(-10)x^{-2} = 10x^{-2}$

$T'(10) = \dfrac{10}{10^2} = \dfrac{1}{10}$

After 10 years the temperature is increasing by $\dfrac{1}{10}$ of a degree per year.

$T''(x) = -2(10)x^{-3} = -20x^{-3}$

$T''(10) = \dfrac{-20}{10^3} = \dfrac{-20}{1000} = \dfrac{-1}{50} = -.02$

After ten years the rate at which temperature increase is slowing by about .02 degrees per year.

77. $s(t) = -16t^2 + 1760t + 5$

The maximum height is reached when $\dfrac{ds}{dt} = 0$

$\dfrac{ds}{dt} = 2(-16)t + 1760 = -32t + 1760 = 0$

$32t = 1760$

$t = 55$ seconds

at $t = 55$, $s(t) = -16(55)^2 + 1760(55) + 5 = 48,405$ feet.

Chapter 2.7 Derivatives and Their Uses 31

81. $C(x) = 5x + 100$

   (a) Average cost function $= AC(x) = \dfrac{C(x)}{x} = \dfrac{5x + 100}{x} = 5 + \dfrac{100}{x}$

   (b) Marginal average cost function $= MAC(x) = \dfrac{d}{dx}\left[\dfrac{C(x)}{x}\right]$

   $= \dfrac{d}{dx}\left(5 + \dfrac{100}{x}\right) = \dfrac{d}{dx}(5 + 100x^{-1}) = -100x^{-2}$

85. $V = \dfrac{4}{3}\pi r^3$

   (a) $V' = 3\left(\dfrac{4}{3}\pi\right)r^2 = 4\pi r^2$, the formula for the surface area of a sphere

   (b) If the volume of a sphere is changing, the rate of change (in units of $\dfrac{\text{length}^3}{\text{time}}$) is equal to the sphere's surface area (in units of length^2). As the radius increases, the volume increases by the surface area.

89. $N(x) = 1000\sqrt{100 - x} = 1000(100 - x)^{\frac{1}{2}}$

   $N'(x) = \dfrac{1}{2}(1000)(100 - x)^{-\frac{1}{2}}(-1) = \dfrac{-500}{\sqrt{100 - x}}$

   $N'(96) = \dfrac{-500}{\sqrt{100 - 96}} = \dfrac{-500}{\sqrt{4}} = \dfrac{-500}{2} = -250$

   Of those who reach age 96, the number of survivors is decreasing by about 250 people per year.

CHAPTER 3

FURTHER APPLICATIONS OF THE DERIVATIVE

Exercises 3.1 Graphing Polynomials

1. $f(x) = x^3 - 48x$

   $f'(x) = 3x^2 - 48 = 3(x^2 - 16) = 3(x + 4)(x - 4)$

   $3(x + 4)(x - 4) = 0$

   $x = -4 \text{ or } x = 4$

   Since both of these values are in the domain of $f(x)$ (the domain of $f(x)$ is $\mathbb{R}$), both are critical values (CVs).

   CV: $x = -4, x = 4$

5. $f(x) = (2x - 6)^4$

   $f'(x) = 4(2x - 6)^3(2) = 8(2x - 6)^3 = 8(2x - 6)(2x - 6)(2x - 6)$

   CV: $x = 3$

9. $f(x) = 3x + 5$

   $f'(x) = 3$

   Since $f'(x) \neq 0$, no critical value exists.

13. $f(x) = -x^4 + 4x^3 - 4x^2 + 1$

    $f'(x) = -4x^3 + 12x^2 - 8x = -4x(x - 1)(x - 2)$

    CV: $x = 0, x = 1, x = 2$

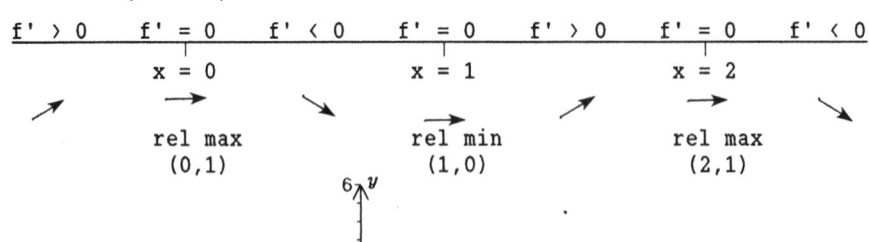

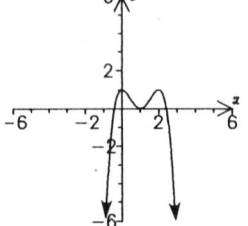

$f' > 0$	$f' = 0$	$f' < 0$	$f' = 0$	$f' > 0$	$f' = 0$	$f' < 0$
	$x = 0$		$x = 1$		$x = 2$	
↗	→	↘	→	↗	→	↘
	rel max (0,1)		rel min (1,0)		rel max (2,1)	

Chapter 3.1 Further Applications of The Derivative

17. $f(x) = (x - 1)^6$

$f'(x) = 6(x - 1)^5 = 6(x - 1)(x - 1)(x - 1)(x - 1)(x - 1)$

CV: $x = 1$

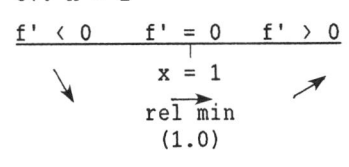

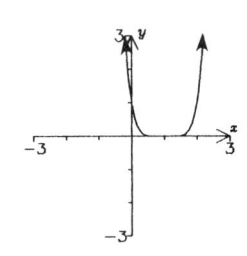

```
f' < 0      f' = 0      f' > 0
              |
  ↘         x = 1         ↗
           rel min
            (1,0)
```

21. $f(x) = (x^2 - 4)^2$

$f'(x) = 2(x^2 - 4)(2x) = 4x(x^2 - 4) = 4x(x + 2)(x - 2)$

CV: $x = 0$, $x = -2$, $x = 2$

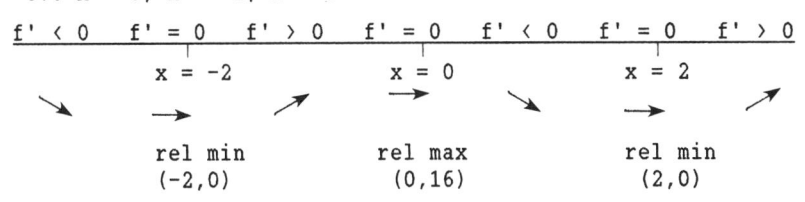

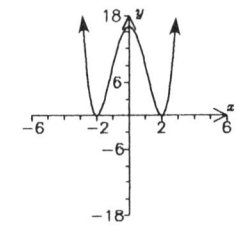

```
f' < 0   f' = 0   f' > 0   f' = 0   f' < 0   f' = 0   f' > 0
         x = -2            x = 0             x = 2
  ↘        →        ↗        →        ↘        →        ↗
         rel min           rel max           rel min
         (-2,0)            (0,16)            (2,0)
```

25. $f(x) = -x^2(x - 3)$

$f(x) = -x^3 + 3x^2$

$f'(x) = -3x^2 + 6x = -3x(x - 2)$

CV: $x = 0$, $x = 2$

34   *Calculus 3.1*

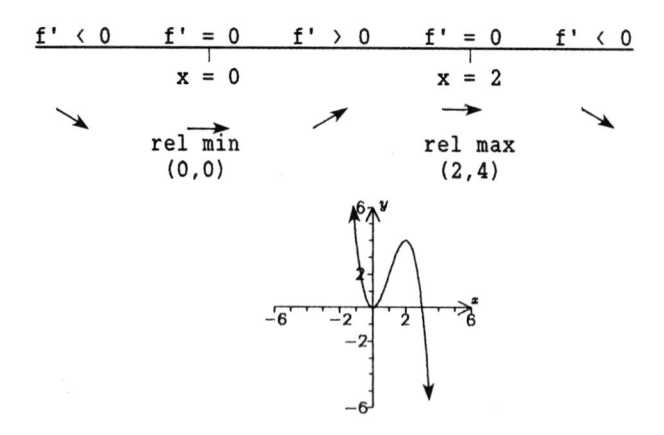

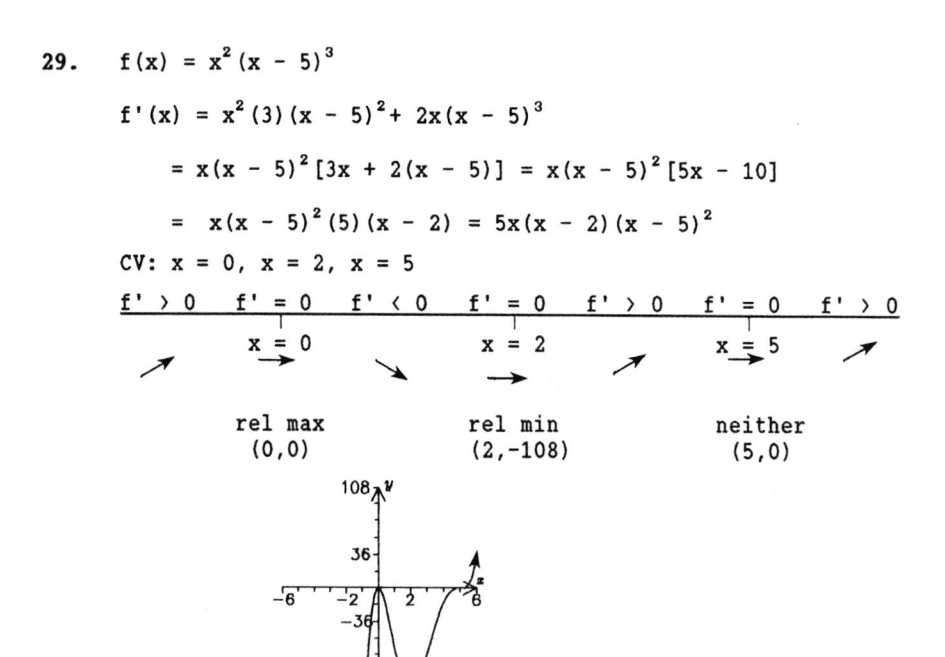

$$\begin{array}{ccccccccc} \underline{f' < 0} & \underline{f' = 0} & \underline{f' > 0} & \underline{f' = 0} & \underline{f' < 0} \\ & x = 0 & & x = 2 & \end{array}$$

↘   rel min   ↗   rel max   ↘
    (0,0)   (2,4)

29. $f(x) = x^2(x - 5)^3$

   $f'(x) = x^2(3)(x - 5)^2 + 2x(x - 5)^3$

   $= x(x - 5)^2[3x + 2(x - 5)] = x(x - 5)^2[5x - 10]$

   $= x(x - 5)^2(5)(x - 2) = 5x(x - 2)(x - 5)^2$

   CV: $x = 0$, $x = 2$, $x = 5$

$$\begin{array}{ccccccccc} \underline{f' > 0} & \underline{f' = 0} & \underline{f' < 0} & \underline{f' = 0} & \underline{f' > 0} & \underline{f' = 0} & \underline{f' > 0} \\ & x = 0 & & x = 2 & & x = 5 & \end{array}$$

↗   rel max   ↘   rel min   ↗   neither   ↗
    (0,0)   (2,-108)   (5,0)

33.   (a) $C(x) = x^3 - 6x^2 + 14x$

   $AC(x) = \dfrac{C(x)}{x} = x^2 - 6x + 14$

   $\dfrac{dAC(x)}{dx} = 2x - 6$

   CV = 3

```
         f' < 0   f' = 0   f' > 0
                    |
            ↘     x = 3     ↗
                  ─────→
                  rel min
                   (3,5)
```

(b) $C(x) = x^3 - 6x^2 + 14x$

   $MC(x) = \dfrac{dC(x)}{dx} = 3x^2 - 12x + 14$ (marginal function)

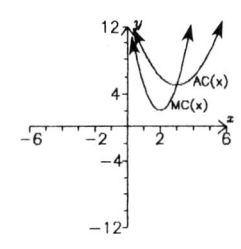

   [graph showing AC(x) and MC(x) curves, axes from -6 to 6 horizontally and -12 to 12 vertically]

(c) $MC(x) = 3x^2 - 12x + 14$

   $MC'(x) = 6x - 12 = 6(x - 2)$

```
                 f' = 0
         f' < 0    |    f' > 0
            ↘    x = 2    ↗
                 ─────→
                 rel min
                  (2,2)
```

Exercises 3.2 Graphing, Continued

1.   Weight gain speeds up since slope of the line increases.

5.   Points 4 and 6 are inflection points.

   [graph showing points 1-7 with inflection points indicated]

9. $f(x) = x^3 - 6x^2 + 9x + 24$

   $f'(x) = 3x^2 - 12x + 9 = 3(x^2 - 4x + 3) = 3(x - 1)(x - 3)$

   CV: $x = 1$, $x = 3$

36 Calculus 3.2

(a)
$f' > 0$	$f' = 0$	$f' < 0$	$f' = 0$	$f' > 0$
↗	x = 1	↘	x = 3	↗
	rel max (1,28)		rel min (3,24)	

(b) $f''(x) = 6x - 12 = 6(x - 2)$

$f'' < 0$	$f'' = 0$	$f'' > 0$
con dn	x = 2 IP(2,26)	con up

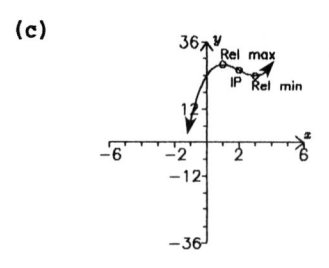

(c) [graph showing rel max, IP, rel min with axes marked -6, -2, 2, 6 on x-axis and 36, 12, -12, -36 on y-axis]

13. $f(x) = x^4 - 8x^3 + 18x^2 + 2$

(a) $f'(x) = 4x^3 - 24x^2 + 36x = 4x(x^2 - 6x + 9) = 4x(x - 3)(x - 3)$

CV: $x = 0$, $x = 3$

$f' < 0$	$f' = 0$	$f' > 0$	$f' = 0$	$f' > 0$
↘	x = 0	↗	x = 3	↗
	rel min (0,2)		neither (3,29)	

(b) $f''(x) = 12x^2 - 48x + 36 = 12(x^2 - 4x + 3) = 12(x - 1)(x - 3)$

$x = 1$, $x = 3$

$f'' > 0$	$f'' = 0$	$f'' < 0$	$f'' = 0$	$f'' > 0$
con up	x = 1 IP(1,3)	con dn	x = 3 IP(3,29)	con up

Chapter 3.2 Further Applications of the Derivative 37

(c)

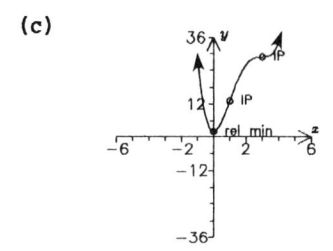

17. $f(x) = 5x^4 - x^5$

   (a) $f'(x) = 20x^3 - 5x^4 = 5x^3(4 - x)$

   CV: $x = 0$, $x = 4$

$f' < 0$	$f' = 0$	$f' > 0$	$f' = 0$	$f' < 0$
↘	$x = 0$	↗	$x = 4$	↘
	rel min		rel max	
	(0,0)		(4,256)	

   (b) $f''(x) = 60x^2 - 20x^3 = 20x^2(3 - x)$

   $x = 0$, $x = 3$

$f'' > 0$	$f'' = 0$	$f'' > 0$	$f'' = 0$	$f'' < 0$
con up	$x = 0$	con up	$x = 3$	con dn
			IP(3,162)	

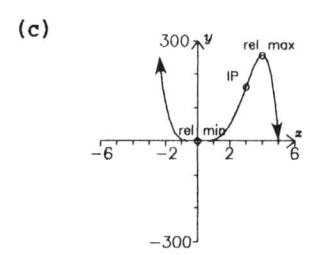

   (c)

21. $f(x) = (2x + 4)^5$

   (a) $f'(x) = 5(2x + 4)^4(2) = 10(2x + 4)^4$

   CV: $x = -2$

```
        f' > 0    f' = 0    f' > 0
                    |
                  x = -2
           ↗     ─────→      ↗
                  neither
                  (-2,0)
```

(b) $f''(x) = 40(2x+4)^3(2) = 80(2x+4)^3$

$$x = -2$$

```
        f" < 0    f" = 0    f" > 0
                    |
        con dn    x = -2    con up
                 IP(-2,0)
```

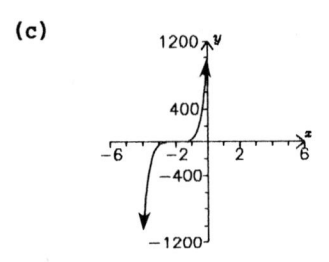

(c)

25. $f(x) = x(x-3)^2$

(a) $f'(x) = 2x(x-3) + (x-3)^2 = (x-3)[2x + (x-3)]$
$= (x-3)(3x-3)$

CV: $x = 3$, $x = 1$

```
     f' > 0    f' = 0    f' < 0    f' = 0    f' > 0
                 |                    |
               x = 1                x = 3
       ↗     ─────→       ↘       ─────→       ↗
              rel max              rel min
               (1,4)                (3,0)
```

(b) $f''(x) = (x-3)(3) + (3x-3) = 3x - 9 + 3x - 3 = 6x - 12$
$= 6(x-2)$

$$x = 2$$

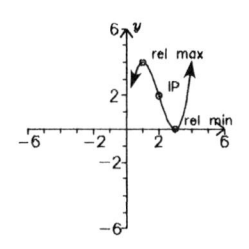

Chapter 3.2 Further Applications of the Derivative 39

$$\begin{array}{c|c|c} f'' < 0 & f'' = 0 & f'' > 0 \\ \hline & x = 2 & \\ \text{con dn} & & \text{con up} \\ & \text{IP}(2,2) & \end{array}$$

29. $f(x) = x^{\frac{3}{5}}$

   (a) $f'(x) = \frac{3}{5} x^{-\frac{2}{5}}$

   CV: $x = 0$ (undefined)

$$\begin{array}{c|c|c} f' > 0 & f' \text{ und} & f' > 0 \\ \hline & x = 0 & \\ \nearrow & \text{neither} & \nearrow \\ & (0,0) & \end{array}$$

   (b) $f''(x) = (-\frac{2}{5})(\frac{3}{5}) x^{-\frac{7}{5}} = -\frac{6}{25} x^{-\frac{7}{5}}$

   $x = 0$

$$\begin{array}{c|c|c} f'' > 0 & f'' \text{ und} & f'' < 0 \\ \hline & x = 0 & \\ \text{con up} & \text{IP}(0,0) & \text{con dn} \end{array}$$

   (c)

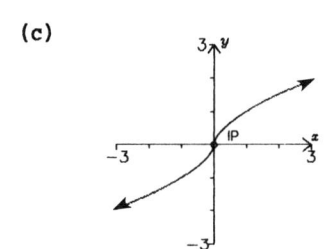

33. $f(x) = \sqrt[5]{x} - 1$

   $f(x) = x^{\frac{1}{5}} - 1$

   (a) $f'(x) = \frac{1}{5} x^{-\frac{4}{5}}$

   CV: $x = 0$ (undefined)

40 Calculus 3.2

$$\begin{array}{c|c|c} f' > 0 & f' \text{ und} & f' > 0 \\ \hline & x = 0 & \\ \nearrow & \text{neither} & \nearrow \\ & (0,-1) & \end{array}$$

(b) $f''(x) = -\dfrac{4}{25} x^{-\frac{9}{5}}$

$x = 0$

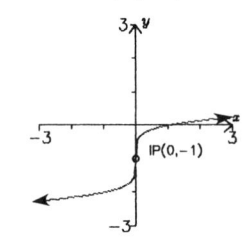

$$\begin{array}{c|c|c} f'' > 0 & f'' \text{ und} & f'' < 0 \\ \hline & x = 0 & \\ \text{con up} & & \text{con dn} \\ & \text{IP}(0,-1) & \end{array}$$

37. $f(x) = \sqrt{x^5}$

$f'(x) = x^{\frac{5}{2}}$ Note: domain $x \geq 0$

(a) $f'(x) = \dfrac{5}{2} x^{\frac{3}{2}}$

CV: $x = 0$

$$\begin{array}{c|c} f' = 0 & f' > 0 \\ \hline x = 0 & \nearrow \end{array}$$

(b) $f''(x) = \dfrac{15}{4} x^{\frac{1}{2}}$

$x = 0$

$$\begin{array}{c|c} f'' = 0 & f'' > 0 \\ \hline x = 0 & \text{con dn} \end{array}$$

(c)

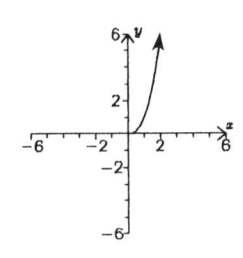

[graph]

41. $f(x) = \sqrt[3]{x+1} + 1 = (x+1)^{\frac{1}{3}} + 1$

  (a) $f'(x) = \frac{1}{3}(x+1)^{-\frac{2}{3}} = \frac{1}{3\sqrt[3]{(x+1)^2}}$

   CV: $x = -1$ undefined

   $\begin{array}{ccc} f' > 0 & f' \text{ und} & f' > 0 \\ & x = -1 & \\ \nearrow & \text{neither} & \nearrow \\ & (-1, 1) & \end{array}$

  (b) $f''(x) = -\frac{2}{9}(x+1)^{-\frac{5}{3}} = \frac{-2}{9\sqrt[3]{(x+1)^5}}$

   CV: $x = -1$ undefined

   $\begin{array}{ccc} f'' > 0 & f'' \text{ und} & f'' < 0 \\ \text{con up} & x = -1 & \text{con dn} \\ & \text{IP: } (-1, 1) & \end{array}$

  (c)

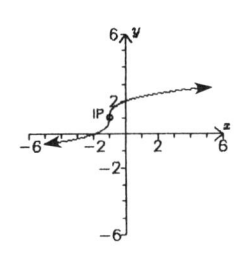

[graph with IP labeled]

45. $f(x) = \sqrt{(x-3)^3} + 4 = (x-3)^{\frac{3}{2}} + 4; \; x \geq 3$

  (a) $f'(x) = \frac{3}{2}(x-3)^{\frac{1}{2}}$

   CV: $x = 3$

   $\begin{array}{cc} f' = 0 & f' > 0 \\ x = 3 & \\ \rightarrow & \nearrow \end{array}$

  (b) $f''(x) = \frac{3}{4}(x-3)^{-\frac{1}{2}} = \frac{3}{4\sqrt{x-3}}$

42   Calculus 3.2

$$\begin{array}{cc} \text{CV: } x = 3 \text{ undefined} \\ \underline{f'' \text{ und} \qquad f'' > 0} \\ x = 3 \qquad \text{con up} \end{array}$$

(c)

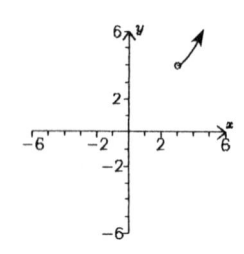

[Graph with axes labeled, showing points near x=3 with an arrow rising to the upper right from an open circle]

49. $f(x) = x^{1.15}$ $x \geq 0$

(a) $f'(x) = 1.15 x^{.15}$
CV: $x = 0$
$$\begin{array}{cc} \underline{f' = 0 \qquad f' > 0} \\ x = 0 \qquad \nearrow \end{array}$$

(b) $f''(x) = (.15)(1.15)x^{-.85} = .1725 x^{-.85}$
$x = 0$ (undefined)
$$\begin{array}{cc} \underline{f'' \text{ und} \qquad f'' > 0} \\ x = 0 \qquad \text{con up} \end{array}$$

(c)

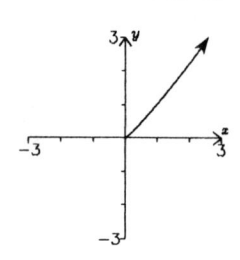

[Graph showing a line rising from origin into the first quadrant]

53. $f(x) = x^3 - 9x^2 + 15x + 25$

(a) $f'(x) = 3x^2 - 18x + 15 = 3(x^2 - 6x + 5) = 3(x - 5)(x - 1)$
CV: $x = 5$, $x = 1$

$$\begin{array}{ccccc} \underline{f' > 0} & \underline{f' = 0} & \underline{f' < 0} & \underline{f' = 0} & \underline{f' > 0} \\ & x = 1 & & x = 5 & \\ \nearrow & \rightarrow & \searrow & \rightarrow & \nearrow \\ & \text{rel max} & & \text{rel min} & \\ & (1, 32) & & (5, 0) & \end{array}$$

$f''(x) = 6x - 18 = 6(x - 3)$

$x = 3$

$f'' < 0$	$f'' = 0$	$f'' > 0$
con dn	x = 3 IP (3,16)	con up

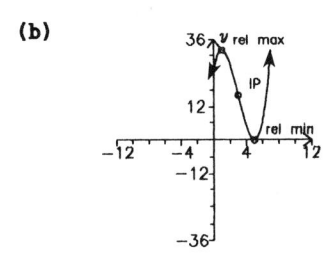

(b)

[Graph showing curve with relative max, IP, and relative min; axes marked at -12, -4, 4, 12 horizontally and -36, -12, 12, 36 vertically]

Exercises 3.3 Graphing, Concluded

1. $f(x) = \dfrac{1}{x^2 - 4}$

Since the degree of the numerator (x^0) is less than the degree of the denominator, $\lim\limits_{x \to \pm\infty} \dfrac{1}{x^2 - 4} = 0.$ (Rational Limit Rule 1).

5. $f(x) = \dfrac{x^2}{x^2 + 1}$

$\lim\limits_{x \to \pm\infty} \dfrac{x^2}{x^2 + 1} = \lim\limits_{x \to \pm\infty} \dfrac{x^2}{x^2} = 1$ ← highest power term in the top / highest power term in the bottom   (Rational Limit Rule 2)

9. $f(x) = \dfrac{x^2 - 4x + 7}{x - 3}$

$\lim\limits_{x \to \pm\infty} \dfrac{x^2 - 4x + 7}{x - 3} = \lim\limits_{x \to \pm\infty} \dfrac{x^2}{x} = \lim\limits_{x \to \pm\infty} x = \pm\infty$

$(\lim\limits_{x \to \infty} f(x) = \infty, \quad \lim\limits_{x \to -\infty} f(x) = -\infty)$

13. $f(x) = \dfrac{1}{x^2 - 4}$

44 Calculus 3.3

Vertical asymptote:

$$f(x) = \frac{1}{(x+2)(x-2)}$$ has vertical asymptote at $x = 2$ and $x = -2$ where its denominator is zero.

Horizontal asymptote:

$$\lim_{x \to \pm \infty} f(x) = 0$$ Since $f(x)$ approaches 0 as $x \to \pm \infty$, the horizontal asymptote at $y = 0$.

$$f'(x) = \frac{-2x}{(x^2 - 4)^2}$$

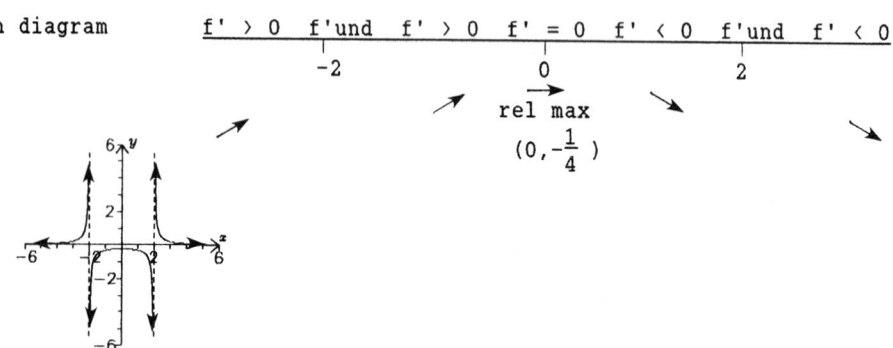

Sign diagram

$f' > 0$	f' und	$f' > 0$	$f' = 0$	$f' < 0$	f' und	$f' < 0$
	-2		0		2	

rel max $(0, -\frac{1}{4})$

17. $f(x) = \frac{4x}{x^2 + 1}$

Vertical asymptote: No vertical asymptotes

Horizontal asymptote:

$$\lim_{x \to \pm \infty} f(x) = 0$$ (Rational Limit Rule 1)
horizontal asymptote at $y = 0$

$$f'(x) = \frac{4(x^2 + 1) - 4x(2x)}{(x^2 + 1)^2} = \frac{4x^2 + 4 - 8x^2}{(x^2 + 1)^2} = \frac{-4x^2 + 4}{(x^2 + 1)^2} = \frac{-4(x^2 - 1)}{(x^2 + 1)^2}$$

$$= \frac{-4(x + 1)(x - 1)}{(x^2 + 1)^2}$$

CV: $x = -1$, $x = 1$

$f' < 0$	$f' = 0$	$f' > 0$	$f' = 0$	$f' < 0$
	$x = -1$		$x = 1$	

rel min $(-1, -2)$ rel max $(1, 2)$

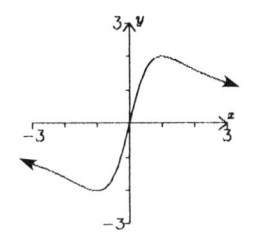

Chapter 3.3 Further Applications of the Derivative   45

21. $f(x) = \dfrac{1}{x^2 + 1}$

   Vertical asymptote: No vertical asymptotes

   Horizontal asymptote:

   $\lim\limits_{x \to \pm \infty} f(x) = 0$ (Rational Limit Rule 1)
   horizontal asymptote at $y = 0$

   $f'(x) = \dfrac{-2x}{(x^2 + 1)^2}$ CV: $x = 0$

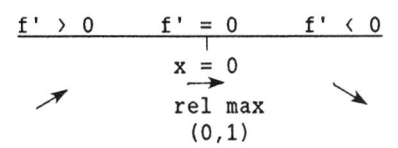

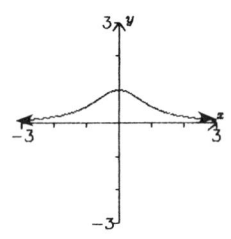

$f' > 0$	$f' = 0$	$f' < 0$
	$x = 0$	
↗	rel max $(0,1)$	↘

25. $f(x) = \dfrac{x^2 - 4x + 7}{x - 3}$

   Vertical asymptote: $x = 3$

   Horizontal asymptote:

   $\lim\limits_{x \to \pm \infty} \dfrac{x^2 - 4x + 7}{x - 3} = \lim\limits_{x \to \pm \infty} \dfrac{x^2}{x} = \lim\limits_{x \to \pm \infty} x = \pm \infty$

   No horizontal asymptote; diagonal asymptote at $y = x$.

46 Calculus 3.3

$$f'(x) = \frac{(x-3)(2x-4) - (x^2-4x+7)}{(x-3)^2} = \frac{x^2-6x+5}{(x-3)^2} = \frac{(x-5)(x-1)}{(x-3)^2}$$

CV: $x = 5$, $x = 1$, $x = 3$

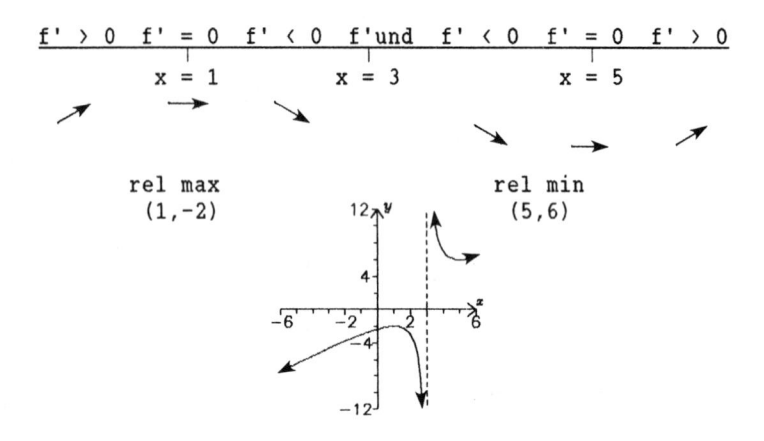

$f' > 0$	$f' = 0$	$f' < 0$	f'und	$f' < 0$	$f' = 0$	$f' > 0$
	$x = 1$		$x = 3$		$x = 5$	

rel max (1,-2)   rel min (5,6)

29. $f(x) = \dfrac{x^2 + 4}{x}$

Vertical asymptote: $x = 0$

Horizontal asymptote:

$$\lim_{x \to \pm \infty} \frac{x^2 + 4}{x} = \lim_{x \to \pm \infty} x = \pm \infty$$

no horizontal asymptote, diagonal asymptote at $y = x$

$$f'(x) = \frac{x(2x) - (x^2 - 4)}{x^2} = \frac{2x^2 - (x^2 + 4)}{x^2} = \frac{x^2 - 4}{x^2} = \frac{(x+2)(x-2)}{x^2}$$

CV: $x = -2$, $x = 2$, $x = 0$

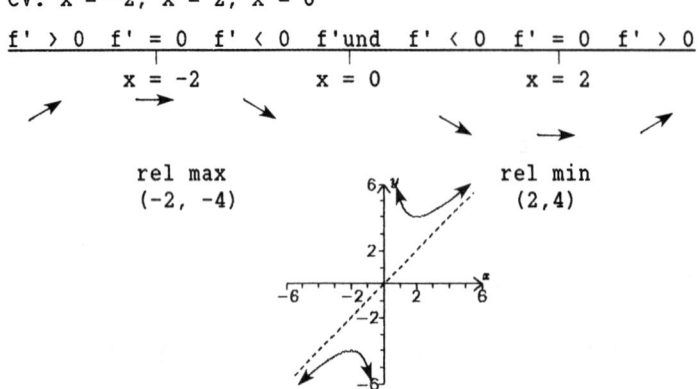

$f' > 0$	$f' = 0$	$f' < 0$	f'und	$f' < 0$	$f' = 0$	$f' > 0$
	$x = -2$		$x = 0$		$x = 2$	

rel max (-2, -4)   rel min (2, 4)

33. $f(x) = \dfrac{4x^3}{x^2 - 2x + 1} = \dfrac{4x^3}{(x-1)(x-1)}$

Vertical asymptote: $x = 1$

Horizontal asymptote:

$$\lim_{x \to \pm\infty} f(x) = \lim_{x \to \pm\infty} \dfrac{4x^3}{x^2} = \lim_{x \to \pm\infty} 4x = \pm\infty$$

no horizontal asymptote; diagonal asymptote at $y = 4x$

$f'(x) = \dfrac{(x^2 - 2x + 1)(12x^2) - 4x^3(2x - 2)}{(x^2 - 2x + 1)^2} = \dfrac{4x^4 - 16x^3 + 12x^2}{(x^2 - 2x + 1)^2}$

$= \dfrac{4x^2(x^2 - 4x + 3)}{(x^2 - 2x + 1)^2} = \dfrac{4x^2(x-3)(x-1)}{[(x-1)(x-1)]^2}$

CV: $x = 1$, $x = 3$, $x = 0$

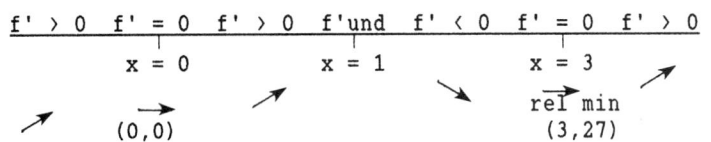

$f' > 0$	$f' = 0$	$f' > 0$	f' und	$f' < 0$	$f' = 0$	$f' > 0$
	$x = 0$		$x = 1$		$x = 3$	
↗	→	↗		↘	rel min	↗
	(0,0)				(3,27)	

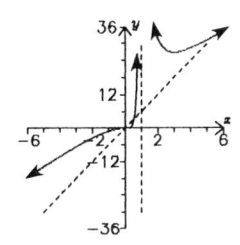

37. $f(x) = \dfrac{1}{x - 1}$

Vertical asymptote: $x = 1$

Horizontal asymptote:

$\lim_{x \to \pm\infty} \dfrac{1}{x - 1} = 0$ horizontal asymptote at $y = 0$

$f'(x) = \dfrac{-x + 1}{(x - 1)^2}$

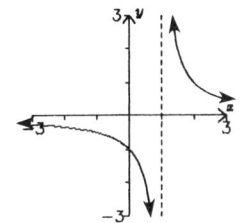

CV: $x = 1$

$f' > 0$	f' und	$f' < 0$
	$x = 1$	
↗		↘

41. $f(x) = \dfrac{2x^2}{x^4+1}$

Vertical asymptote: no vertical asymptote

Horizontal asymptote:

$$\lim_{x \to \pm\infty} \dfrac{2x^2}{x^4+1} = \lim_{x \to \pm\infty} \dfrac{2x^2}{x^4} = 0 \qquad \text{horizontal asymptote at } y = 0$$

$$f'(x) = \dfrac{(x^4+1)(4x) - 4x^3(2x^2)}{(x^4+1)^2} = \dfrac{-4x^5+4x}{(x^4+1)^2} = \dfrac{-4(x^4-1)}{(x^4+1)^2}$$

$$= \dfrac{-4(x^2+1)(x+1)(x-1)}{(x^4+1)^2}$$

CV: $x = 0$, $x = 1$, $x = 1$

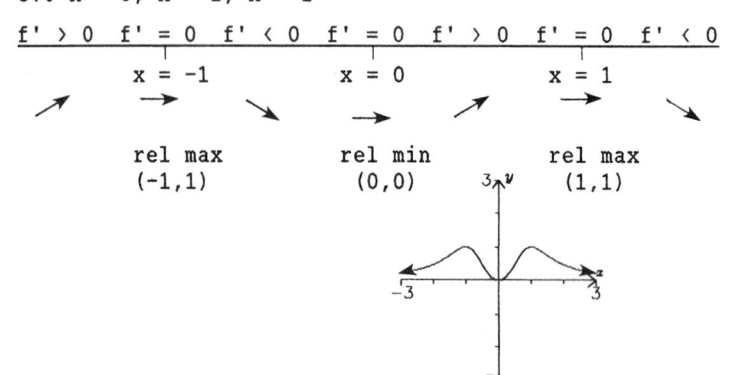

```
f' > 0   f' = 0   f' < 0   f' = 0   f' > 0   f' = 0   f' < 0
         x = -1            x = 0             x = 1
  ↗        →        ↘       →        ↗        →        ↘

         rel max           rel min            rel max
         (-1,1)            (0,0)              (1,1)
```

45. $f(x) = x + \dfrac{1}{x}$

Vertical asymptote: $x = 0$

Horizontal asymptote:

$$\lim_{x \to \pm\infty} x + \dfrac{1}{x} = \pm\infty$$

no horizontal asymptote; diagonal asymptote at $y = x$

$f'(x) = 1 - x^{-2} = 1 - \dfrac{1}{x^2}$

setting $f'(x) = 0 \implies 0 = 1 - \dfrac{1}{x^2}$

$$0 = x^2 - 1$$
$$x^2 = 1$$
$$x = \pm 1$$

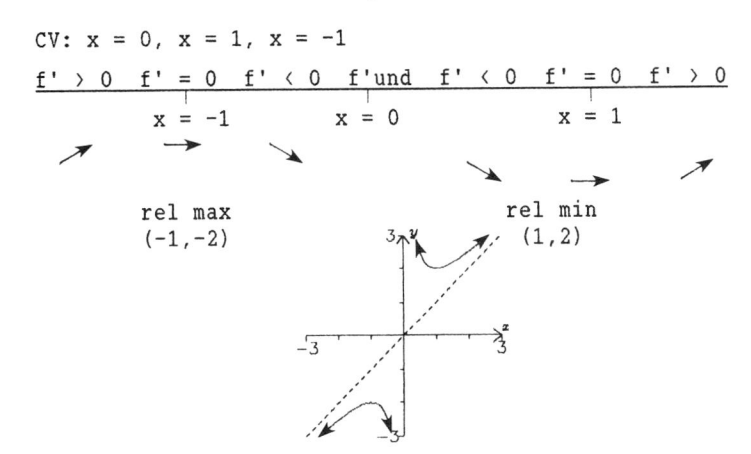

Chapter 3.3 Further Applications of the Derivative 49

CV: $x = 0$, $x = 1$, $x = -1$

$f' > 0$	$f' = 0$	$f' < 0$	f'und	$f' < 0$	$f' = 0$	$f' > 0$
	$x = -1$		$x = 0$		$x = 1$	

rel max (-1,-2)   rel min (1,2)

49. $f(x) = \dfrac{12}{x} + 2 + 3x$

Vertical asymptote: $x = 0$

Horizontal asymptote:

$$\lim_{x \to \pm\infty} \dfrac{12}{x} + 2 + 3x = \pm\infty$$

no horizontal asymptote; diagonal asymptote at $y = 3x + 2$

$f'(x) = -\dfrac{12}{x^2} + 3$

setting $f'(x) = 0 \Rightarrow 0 = -\dfrac{12}{x^2} + 3$

$3x^2 = 12$

$x = \pm 2$

CV: $x = 2$, $x = -2$

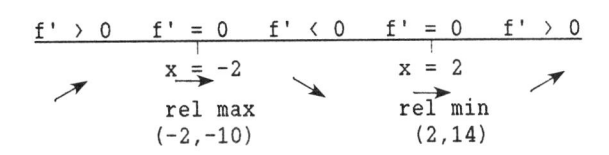

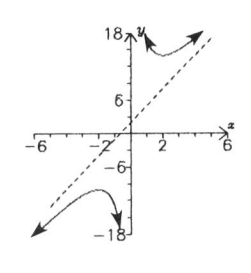

$f' > 0$	$f' = 0$	$f' < 0$	$f' = 0$	$f' > 0$
	$x = -2$		$x = 2$	

rel max (-2,-10)   rel min (2,14)

53. (a) $C(x) = x^2 + 2x + 4$

$MC(x) = C'(x) = 2x + 2$

(b) $AC(x) = \dfrac{C(x)}{x} = \dfrac{x^2 + 2x + 4}{x}$

$AC'(x) = \dfrac{x(2x+2) - (x^2 + 2x + 4)}{x^2} = \dfrac{2x^2 + 2x - x^2 - 2x - 4}{x^2}$

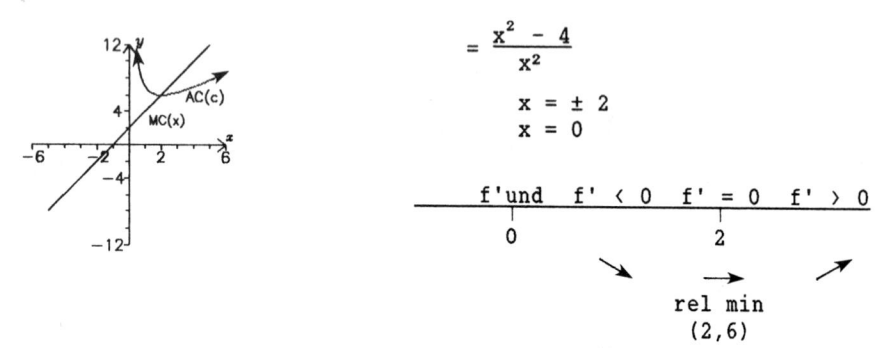

$= \dfrac{x^2 - 4}{x^2}$

$x = \pm 2$
$x = 0$

```
          f'und   f' < 0   f' = 0   f' > 0
          ─────────┼─────────┼─────────
                   0                 2
                   ↘        →        ↗
                              rel min
                               (2,6)
```

57. $f(x) = \dfrac{100x^2}{x^2 + .02}$

Horizontal asymptote: $y = 100$

(a) $f'(x) = \dfrac{(x^2 + .02)(200x) - 100x^2(2x)}{(x^2 + .02)^2}$

$= \dfrac{200x^3 + 4x - 200x^3}{(x^2 + .02)^2} = \dfrac{4x}{(x^2 + .02)^2}$

CV: $x = 0$

(b) $x = .65$ grams
$f(.65) \approx 95.5$
Two ordinary aspirin tablets are more than 95% effective.

Exercises 3.4 Optimization

1. $f(x) = x^3 - 6x^2 + 9x + 2$ $[-2, 5]$

$f'(x) = 3x^2 - 12x + 9 = 3(x^2 - 4x + 3) = 3(x - 3)(x - 1)$

CV: $x = 1$, $x = 3$

$$\begin{array}{cccccc} f' > 0 & f' = 0 & f' < 0 & f' = 0 & f' > 0 \\ & x = 1 & & x = 3 & \\ \nearrow & \rightarrow & \searrow & \rightarrow & \nearrow \\ & \text{rel max} & & \text{rel min} & \\ & (1,6) & & (3,2) & \end{array}$$

at endpoints (EP): $x = -2 \quad f(x) = 4$
$x = 5 \quad f(x) = 22$

CV $\begin{cases} (1,6) \\ (3,2) \end{cases}$ ← smallest

EP $\begin{cases} (-2,4) \\ (5,22) \end{cases}$ ← largest

Maximum f is 22 (at $x = 5$)
Minimum f is -48 (at $x = -2$)

5. $f(x) = x^4 + 4x^3 + 4x^2 - 100 \quad [-3,3]$

$f'(x) = 4x^3 + 12x^2 + 8x = 4x(x^2 + 3x + 2) = 4x(x + 2)(x + 1)$

CV: $x = 0$, $x = -1$, $x = -2$

$$\begin{array}{ccccccc} f' < 0 & f' = 0 & f' > 0 & f' = 0 & f' < 0 & f' = 0 & f' > 0 \\ & -2 & & -1 & & 0 & \\ \searrow & \rightarrow & \nearrow & \rightarrow & \searrow & \rightarrow & \nearrow \\ & (-2,-100) & & (-1,-99) & & (0,-100) & \end{array}$$

at endpoints (EP): $x = -3 \quad f(x) = -91$
$x = 3 \quadf(x) = 125$

CV $\begin{cases} (-2,-100) \\ (-1,-99) \\ (0,-100) \end{cases}$ smallest

EP $\begin{cases} (-3,-91) \\ (3,125) \end{cases}$ ← largest

Maximum f is 125 (at $x = -3$)
Minimum f is -100 (at $x = 0$ and at $x = -2$)

9. $f(x) = x^3 + 3x^2 - 9x - 11 \quad [-2,2]$

$f'(x) = 3x^2 + 6x - 9 = 3(x^2 + 2x - 3) = 3(x + 3)(x - 1)$

CV: $x = -3$, $x = 1$

Since only $x = 1$ is in domain, we eliminate the critical value $x = -3$.

52   Calculus 3.4

```
      f' < 0    f' = 0    f' > 0
     ─────────────┼─────────────
                x = 1
               rel min
               (1,-16)
```

CV { (1,-16)   ← smallest

   for x = -2   f(x) = 11
       x = 2   f(x) = -9

EP { (-2,11)   ← largest
     (2,-9)

Maximum f is 11 (at x = -2)

Minimum f is -16 (at x = 1)

13. $f(x) = x(20 - x)$ $[0,20]$

$f(x) = 20x - x^2$

$f'(x) = 20 - 2x = 2(10 - x)$

CV: x = 10

$f''(x) = -2$;   rel max at (10,100)

for x = 0,   f(x) = 0
    x = 20   f(x) = 0

CV { (10,100)   ← largest

EP { (0,0)
     (20,0)   ⇒ smallest

Maximum f is 100 (at x = 100)

Minimum f is 0 (at x = 0 and x = 20)

17. $f(x) = x^{\frac{2}{3}}$ $[-1,8]$

$f'(x) = \frac{2}{3} x^{-\frac{1}{3}}$

CV: x = 0

```
      f' < 0    f' und    f' > 0
     ─────────────┼─────────────
                x = 0
               rel min
               (0,0)
```

at endpoints (EP):   x = -1   f(x) = 1
                     x = 8   f(x) = 4

CV $\left\{\begin{array}{l}(0,0) \quad \leftarrow \text{ smallest}\end{array}\right.$

EP $\left\{\begin{array}{l}(-1,1) \\ (8,4) \quad \leftarrow \text{ largest}\end{array}\right.$

Maximum f is 4 (at x = 8)

Minimum f is 0 (at x = 0)

21. $f(x) = \dfrac{x}{x^2 + 1} \quad [-3,3]$

$f'(x) = \dfrac{(x^2+1) - 2x^2}{(x^2+1)^2} = \dfrac{-x^2+1}{(x^2+1)^2} = \dfrac{(-x+1)(x+1)}{(x^2+1)^2}$

CV: x = 1, x = -1

$\underset{x=-1}{\underline{f' < 0 \quad f' = 0 \quad f' > 0}} \quad \underset{x=1}{\underline{f' = 0 \quad f' < 0}}$

↘ rel min ↗ rel max ↘
$(-1, -\tfrac{1}{2})$ $(1, \tfrac{1}{2})$

at x = -3 $f(x) = -\dfrac{3}{10}$

x = 3 $f(x) = \dfrac{3}{10}$

CV $\left\{\begin{array}{l}(-1, -\tfrac{1}{2}) \quad \leftarrow \text{ smallest} \\ (1, \tfrac{1}{2}) \quad \leftarrow \text{ largest}\end{array}\right.$

EP $\left\{\begin{array}{l}(-3, -\tfrac{3}{10}) \\ (3, \tfrac{3}{10})\end{array}\right.$

Maximum f is $\tfrac{1}{2}$ (at x = 1)

Minimum f is $-\tfrac{1}{2}$ (at x = -1)

25. $E(x) = -.01x^2 + 0.62x + 10.4$ (x is the driving speed in miles per hour)

$E'(x) = -.02x + .62 \quad \{0 = -.02x + .62; \ .02x = -.62\}$

CV: x = 31

$E''(x) = -.02 < 0$ thus E(x) has an absolute maximum at x = 31 mph.

E(31) = 39.23 miles per gallon

29. $V(t) = 480\sqrt{t} - 40t \qquad (0 \le t \le 50)$

$V'(t) = 240t^{-\frac{1}{2}} - 40$

$0 = \dfrac{240}{\sqrt{t}} - 40$

$40\sqrt{t} = 240$

$\sqrt{t} = 6$

$t = 36$

CV: $t = 36$

$V''t = -120t^{-\frac{3}{2}}$

at $t = 36$, $V'' < 0$ so $V(t)$ is max at $t = 36$ years

$V(36) = 480\sqrt{36} - 40(36)$

$V(36) = \underline{1440}$

33. Profit = Revenue - Cost

Revenue = price quantity · quantity = $p(x) \cdot x = (600 - 5x)(x)$

Cost = $200x + 1500$

$P(x) = 600x - 5x^2 - (200x + 1500) = -5x^2 + 400x - 1500$

$P'(x) = -10x + 400 = -10(x - 40)$

CV: $x = 40$

$P''(x) = -10$ \qquad (profit is maximum since $P''(x) < 0$ at $x = 40$)

$P(40) = -5(40)^2 + 400(40) - 1500$

$P(40) = 6500$

Maximum profit is $6500.

Country Motorbikes should make 40 motorbikes per day and sell them at $400 each.

37. $y + 4x = 1200$

$xy = A$

$y = 1200 - 4x$

$A = (1200 - 4x)x$

$A = 1200x - 4x^2$

$A' = 1200 - 8x = 8(150 - x)$

$x = 150$

$A''(x) = -8 < 0$ so area is maximum at $x = 150$.
width is 150 yards (perpendicular to river)
length = 1200 - 4(150) = 600 yards (parallel to river) or <u>each</u>
enclosure is 200 yards x 150 yards.

41. Let x and y be two numbers with a sum of 50 and a maximum product.

$x + y = 50$

$\quad xy = \text{maximum} = M$

$\quad x = 50 - y$

$(50 - y)y = M$

$50y - y^2 = M$

$\quad M' = 50 - 2y$

CV: $y = 25 \quad$ thus $x = 50 - y = 25$

$M''(x) = -2 \quad$ since $M'' < 0$, M is maximum

The numbers are 25 and 25.

45. $A = (x)(2r) \quad$ for rectangle

$P = 2x + 2\pi r \qquad\qquad P = 440$ yards

$440 = 2x + 2\pi r$

$\dfrac{440 - 2\pi r}{2} = x$

$220 - \pi r = x$

$A = (220 - \pi r)(2r)$

$A = 440r - 2\pi r^2$

$A' = 440 - 4\pi r$

setting $A' = 0$

$\quad 0 = 440 - 4\pi r$

$\quad -440 = -4\pi r$

$\quad \dfrac{110}{\pi} = r$

CV: $r = \dfrac{110}{\pi}$

Since $A'' = -4\pi < 0$, the Area is maximized at $r = \dfrac{100}{\pi}$.

$440 = 2x + 2\pi(\dfrac{110}{\pi})$

$440 = 2x + 220$

$220 = 2x$

$110 = x$

$$\boxed{\begin{array}{l} x = 110 \text{ yd} \\ r = \dfrac{110}{\pi} \approx 35 \text{ yd} \end{array}}$$

Exercises 3.5 Further Applications of Optimization

1. Let x = number of $300 price reductions

   The price p(x) is

   $p(x) = 15000 - 300x$

   price   original   less x $300
            price   price reductions

   The quantity sold q(x) will be

   $q(x) = 12 + 2x$

   quantity   original   plus two for each
              quantity   price reduction

   Revenue = $p(x) \cdot q(x)$

   Revenue = $(15{,}000 - 300x)(12 + 2x) = 180{,}000 + 26{,}400x - 600x^2$

   Cost = $\underbrace{(12{,}000)}_{\substack{\text{unit}\\\text{cost}}} \underbrace{(12 + 2x)}_{\substack{\text{quantity}\\q(x)}} = 144{,}000 + 24{,}000x$

   Profit is $P(x) = R(x) - C(x)$

   $P(x) = \underbrace{(180{,}000 + 26{,}400x - 600x^2)}_{R(x)} - \underbrace{(144{,}000 + 24{,}000x)}_{C(x)}$

   $P(x) = (180{,}000 + 26{,}400x - 600x^2 - 144{,}000 - 24{,}000x)$

   $P(x) = 36{,}000 + 2400x - 600x^2$

   $P'(x) = 2400 - 1200x$

   $0 = 2400 - 1200x$

   $-2400 = -1200x$ $P'' = -1200 < 0$ so $P(x)$ is maximized at $x = 2$

   $2 = x$

   $p(2) = 15{,}000 - 300(2)$ $q(x) = 12 + 2(2)$

   price = 14,400 $q(x) = 16$

   Answer: Price: $14,400

   Sell 16 cars per day (from x = 2 price reductions)

5. Let x = $5 price increase

$q(x) = 60 - 3x$

$p(x) = 80 + 5x$

Revenue = $p(x) \cdot q(x)$

$= (80 + 5x)(60 - 3x) = 4800 + 60x - 15x^2$

$R'(x) = 60 - 30x$

$0 = 60 - 30x$

$-60 = -30x$

$2 = x$ $\qquad$ R" = -30 < 0 thus revenue is maximized at x = 2.

Revenue(x) = $4800 + 60(2) - 15(2)^2$

$= 4800 + 120 - 60 = 4860$

$q(2) = 60 - 3(2) = 54$

$p(x) = 80 + 5(2) = 80 + 10 = 90$

Answer: Rent the cars for $90 and expect to rent 54 cars (from x = 2 price increases).

9. The base is a square so we define
x = length of side of base
y = height
The volume must equal 4 cubic feet.

$\qquad x^2 y = 4 \qquad (1)$

The box consists of a bottom (area x^2) and four sides (each of area $x \cdot y$). Minimizing the amount of materials means minimizing the surface area of the bottom and four sides,

$\qquad A = x^2 + 4xy \qquad (2)$

Using (1) solve for y: $y = \frac{4}{x^2}$

Now (2) becomes: $A = x^2 + 4x(\frac{4}{x^2}) = x^2 + \frac{16}{x}$

We minimize this by differentiating:

$\qquad A' = 2x - \frac{16}{x^2}$

$2x - \frac{16}{x^2} = 0$

$\qquad 2x^3 = 16$

$\qquad x^3 = 8 \qquad\qquad$ thus $y = \frac{4}{x^2} = \frac{4}{4} = 1$

$\qquad x = 2$

58   Calculus 3.5

$A'' = 2 + \dfrac{32}{x^3}$, $A''(2) > 0$ so the area is minimized

Answer: Base: 2 feet by 2 feet;   Height: 1 foot

13.   Let x = length (along driveway)
       y = width

Since the area is to be 5000 ft^2,
A = xy = 5000   (1)

Cost = cost along driveway
       + cost for other 3 sides

Cost = 6x + [2x + 2(2y)]

Cost = 8x + 4y

Using (1) to solve for y: $y = \dfrac{5000}{x}$

Then cost = $8x + 4\left(\dfrac{5000}{x}\right) = 8x + \dfrac{20{,}000}{x}$

We want to minimize cost (C(x)):

$C'(x) = 8 - 20{,}000x^{-2}$

$0 = 8 - \dfrac{20{,}000}{x^2}$

$-8x^2 = -20{,}000$

$x^2 = 2500$

$x = \pm 50$ or $x = 50$ since we eliminate $x = -50$

$C''(x) = 4000x^{-3} > 0$, thus the cost is minimized when $x = 50$

Cost = $8(50) + \dfrac{4(20{,}000)}{50} = 800$

Answer: 50 feet along driveway and 100 feet perpendicular to driveway.
        Cost: $800

17.   The net value of the wine after t years is:

$V(t) = 2000 + 96t^{\frac{1}{2}} - 12t$ (t < 25)

$V'(t) = 48t^{-\frac{1}{2}} - 12$

$0 = \dfrac{48}{\sqrt{t}} - 12$

$$12 = \frac{48}{\sqrt{t}}$$

$$12\sqrt{t} = 48$$

$$\sqrt{t} = 4$$

t = 16 years

$$V''(t) = -24t^{-\frac{3}{2}}$$

$$V''(16) = \frac{-24}{16^{\frac{3}{2}}} < 0 \quad \text{So the net value is maximized at t = 16 years}$$

21. Since we want the dimensions of the total page, let x = length and y = width. Then the dimensions of the (inner) print area are $x - 2(1\frac{1}{2}) = x - 3$ and $y - 2(1) = y - 2$. Thus, the (inner) print area is:

$$A = (x - 3)(y - 2)$$

The page has a total area of 96 sq. in.

$$xy = 96$$

$$y = \frac{96}{x}$$

$$A(x) = (x - 3)\left(\frac{96}{x} - 2\right)$$

$$= 96 - 2x - \frac{288}{x} + 6$$

$$= 102 - 2x - 288x^{-1}$$

$$A'(x) = -2 + 288 x^{-2}$$

$$0 = -2 + \frac{288}{x^2}$$

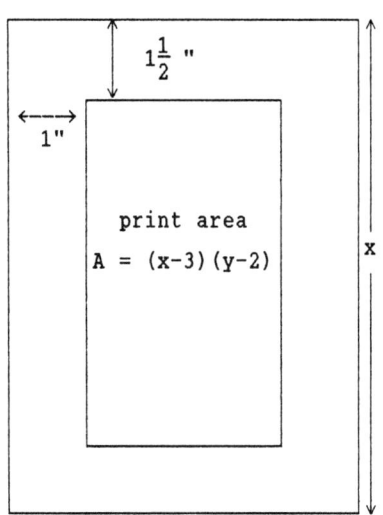

$$2x^2 = 288$$

x = 12   (we eliminate -12)

and $y = \frac{96}{x} = \frac{96}{12} = 8$

$$A''(x) = -\frac{288}{x^2}$$

A''(12) < 0   so the inner area is maximized at x < 12.

The pages should be 8" wide and 12" tall.

total area: 96 in²

Exercises 3.6 Optimizing Lot Size and Harvest Size

1. Let x = lot size
   storage costs = (storage per item) · (average number of items)

60 Calculus 3.6

storage costs = $(1)\frac{x}{2} = \frac{x}{2}$

cost per order = $2x + 20$

number or orders = $\frac{4000}{x}$

reorder costs = (cost per order) · (number of orders)

$\quad\quad = (2x + 20)(\frac{4000}{x})$

total cost: $C(x)$ = (storage costs) + (reorder costs)

$\quad C(x) = (\frac{x}{2}) + [(2x + 20)\frac{4000}{x}]$

$\quad C(x) = \frac{x}{2} + 8000 + \frac{80,000}{x}$

To minimize $C(x)$ we differentiate:

$\quad C'(x) = \frac{1}{2} - 80,000x^{-2}$

$\quad 0 = \frac{1}{2} - 80,000x^{-2}$

$\quad \frac{1}{2}x^2 = 80,000$

$\quad x^2 = 160,000$

$\quad x = 400$

$\quad C''(x) = 2(80,000)x^{-3}$

$\quad C''(400) > 0$ so C is minimized at $x = 400$

Answer: Lot size is 400 bags with orders placed 10 times a year.

5. Let x = lot size

storage cost = $(1000)(\frac{x}{2}) = 500x$

cost per order = $1000 + 5000x$

number of orders = $\frac{800}{x}$

reorder cost = $(1000 + 5000x)(\frac{800}{x})$

total cost: $C(x) = (500x) + (\frac{800}{x})(1000 + 5000x)$

$\quad C(x) = 500x + 4,000,000 + 800,000x^{-1}$

$\quad C'(x) = 500 - 800,000x^{-2}$

Chapter 3.6 Further Applications of The Derivative 61

$$0 = 500 - \frac{800,000}{x^2}$$

$$-500x^2 = -800,000$$

$$x = 40$$

$$C''(x) = -2(-800,000)x^{-3}$$

$C''(40) > 0$, thus $C(x)$ is minimized at $x = 40$

Answer: Lot size: 40 cars per order, with 20 orders during the year.

9. Let x = the number of records in each run

storage cost = $(1)(\frac{x}{2}) = \frac{x}{2}$

costs per run = $800 + 10x$

number of runs = $\frac{1,000,000}{x}$

production costs = $(800 + 10x)\frac{1,000,000}{x}$

total cost: $C(x) = \frac{x}{2} + (800 + 10x)(\frac{1,000,000}{x})$

$$C(x) = \frac{x}{2} + \frac{800,000,000}{x} + 10,000,000$$

$$C'(x) = \frac{1}{2} - 800,000,000x^{-2}$$

$$0 = \frac{1}{2} - 8 \times 10^8 x^2$$

$$-\frac{1}{2}x^2 = -8 \times 10^8$$

$$x = 40,000$$

$$C''(x) = -2(-800,000,000)(x^{-3})$$

$C''(40,000) > 0$, so $((x)$ is minimized at $x = 40,000)$

Answer: Produce 40,000 records per run, with 25 runs for the year.

13. The reproduction function is given by $f(p)$.

$f(p) = -.0004p^2 + 1.06p$ (p and $f(p)$ are in thousands).

$f'(p) = -.0008p + 1.06p$

$\quad -.0008p + 1.06 = 1$ [the p that results in the maximum
$\quad\quad\quad\quad\quad\quad\quad\quad$ sustainable yield is the solution to $f'(p) = 1$]

$\quad -.0008p = -.06$

$\quad\quad\quad p = 75$

62   Calculus 3.6

$f''(p) = -.0008 < 0$ (so $f(p)$ is maximized)

For the reproduction function $f(p)$, the sustainable yield is given by:

$Y(p) = f(p) - p$

$Y(75) = -0.0004(75)^2 + 1.06(75) - 75$

$= -2.25 + 4.5$

$= 2.25$

Answer: Population: 75 thousand = 75,000

Yield: 2.25 thousand = 2250

$p = 75$

Exercises 3.7   Implicit Differentiation and Related Rates

1. $y^3 - x^2 = 4$

$3y^2 y' - 2x = 0$

$\boxed{y' = \dfrac{2x}{3y^2}}$ (Solve for y')

5. $y^4 - x^3 = 2x$

$4y^3 y' - 3x^2 = 2$

$4y^3 y' = 2 + 3x^2$

$\boxed{y' = \dfrac{2 + 3x^2}{4y^3}}$

9. $x^2 y = 8$

$2xy + y'x^2 = 0$

$y' = \dfrac{-2xy}{x^2}$

$\boxed{y' = \dfrac{-2y}{x}}$

13. $x(y - 1)^2 = 6$

$(y - 1)^2 + x2(y - 1)y' = 0$

Chapter 3.7 Further Applications of The Derivative

$$(y - 1)^2 + 2x(y - 1)y' = 0$$

$$y' = \frac{-(y - 1)^2}{2x(y - 1)}$$

$$\boxed{y' = \frac{-(y - 1)}{2x}}$$

17. $\frac{1}{x} + \frac{1}{y} = 2$

$x^{-1} + y^{-1} = 2$

$-x^{-2} - y^{-2}y' = 0$

$\frac{-1}{x^2} - \frac{y'}{y^2} = 0 \; ; \; y' = (\frac{1}{x^2})(-y^2)$

$$\boxed{y' = \frac{-y^2}{x^2}}$$

21. $y^2 - x^3 = 1$ at $x = 2, y = 3$

$2yy' - 3x^2 = 0 \; ; \; y' = \frac{3x^2}{2y}$

at $x = 2, y = 3$

$$y' = \frac{3(2)^2}{2(3)}$$

$$\boxed{y' = 2}$$

25. $x^2y + y^2x = 0$ at $x = -2, y = 2$

$2xy + y'x^2 + 2yy'x + y^2 = 0$

$y'(x^2 + 2xy) = -y^2 - 2xy$

$$y' = \frac{-(y^2 + 2xy)}{x^2 + 2xy}$$

at $x = -2, y = 2$

$$y' = \frac{-((2)^2 + 2(-2)(2))}{(-2)^2 + 2(-2)(2)} = \boxed{-1}$$

64   Calculus 3.7

29. $p^2 + p + 2x = 100$
     $2pp' + p' + 2 = 0$
     $p'(2p + 1) + 2 = 0$; $\boxed{p' = \dfrac{-2}{2p + 1}}$

33. $xp^3 = 36$
     $p^3 + 3p^2 p'x = 0$; $p' = \dfrac{-p^3}{3p^2 x}$

     $\boxed{p' = \dfrac{-p}{3x}}$

37. $x = \sqrt{68 - p^2}$

     $1 = \dfrac{1}{2}(68 - p^2)^{-\frac{1}{2}}(-2p)p'$

     $\dfrac{2(\sqrt{68 - p^2})}{-2p} = p'$; $p' = \dfrac{-\sqrt{68 - p^2}}{p}$

     at $p = 2$

     $p' = \dfrac{-\sqrt{68 - 4}}{2} = -4$

     Interpretation: The rate of change of price with respect to quantity is -4; so price decreases by about $4 when quantity increases by 1.

41. $x^3 + y^2 = 1$

     $3x^2 \dfrac{dx}{dt} + 2y \dfrac{dy}{dt} = 0$

     $3x^2 \dfrac{dx}{dt} = -2y \dfrac{dy}{dt}$ or $3x^2 x' + 2yy' = 0$

45. $3x^2 - 7xy = 12$

     $6x \dfrac{dx}{dt} - 7y \dfrac{dx}{dt} - 7x \dfrac{dy}{dt} = 0$

     $\dfrac{dx}{dt}(6x - 7y) = 7x \dfrac{dy}{dt}$

     $(6x - 7y)\dfrac{dx}{dt} = 7x \dfrac{dy}{dt}$ or $6xx' - 7x'y - 7xy' = 0$

Chapter 3.7 Further Applications of The Derivative   65

49. The volume of a sphere is: $V = \frac{4}{3}\pi r^3$

Both the volume and the radius of the sphere decrease with time, so both V and r are functions of t. $\frac{dV}{dt} = V'$, $\frac{dr}{dt} = r'$ thus,

$V' = 4\pi r^2 r'$

The radius is decreasing at the rate of 2 inches per hour;
ie. $r' = -2$ when $r = 3$,

$V' = 4\pi(3)^2(-2)$

$\boxed{V' = -72\pi}$

Therefore at the moment the radius is 3 inches, the volume is decreasing by $72\pi \approx 226$ in^3/hour

53. $R = 1000x - x^2$

$R' = 1000x' - 2xx'$

$R' = x'(1000 - 2x)$

The quantity sold, x, is increasing at 80 per day; ie. $x = 80$, when $x = 400$.

$R' = 80(1000 - 2(400))$

$\boxed{R' = 16,000}$

Therefore the company's revenue is increasing at $16,000 per day.

57. $V = c(R^2 - r^2)$; $\frac{dR}{dt} = -.01$ min per year

$V = cR^2 - cr^2$ $c = 500$

$\frac{dV}{dt} = 2cR\frac{dR}{dt} - 0$

When $R = 0.05$ min,

$\frac{dV}{dt} = 2(500)(.05)(-.01)$

$\boxed{\frac{dV}{dt} = -.5}$ The rate at which blood flow is being reduced in an artery is slowing by $\frac{1}{2}$ mm/sec per year.

Exercises 3.8 Review of Chapter Three

1. $f(x) = x^3 - 3x^2 - 9x + 12$

   $f'(x) = 3x^2 - 6x - 9 = 3(x^2 - 2x - 3) = 3(x+1)(x-3)$

   CV: $x = -1$, $x = 3$

$f' > 0$	$f' = 0$	$f' < 0$	$f' = 0$	$f' > 0$
	$x = -1$		$x = 3$	
↗	→	↘	→	↗
	rel max		rel min	
	$(-1, 17)$		$(3, -15)$	

   $f''(x) = 6x - 6 = 6(x-1)$
   $x = 1$

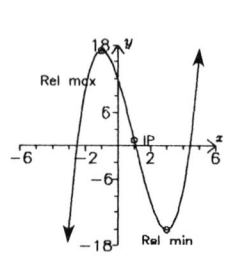

$f' < 0$	$f'' = 0$	$f' > 0$
con dn	$x = 1$	con up
	IP(1,1)	

5. $f(x) = x(x+3)^2 = x[x^2 + 6x + 9] = x^3 + 6x^2 + 9x$

   $f'(x) = 3x^2 + 12x + 9 = 3[x^2 + 4x + 3] = 3(x+3)(x+1)$

   CV: $x = -1$, $x = -3$

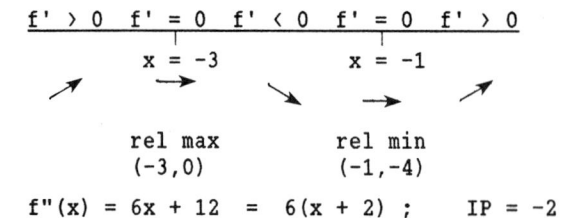

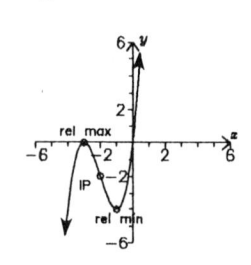

$f' > 0$	$f' = 0$	$f' < 0$	$f' = 0$	$f' > 0$
	$x = -3$		$x = -1$	
↗	→	↘	→	↗
	rel max		rel min	
	$(-3, 0)$		$(-1, -4)$	

   $f''(x) = 6x + 12 = 6(x+2)$; IP = -2

$f'' < 0$	$f'' = 0$	$f'' > 0$
con dn	$x = 2$	con up
	IP $(-2, -2)$	

9. $f(x) = \sqrt[7]{x^5} + 1 = x^{\frac{5}{7}} + 1$

   $f'(x) = \frac{5}{7} x^{-\frac{2}{7}} = \frac{5}{7\sqrt[7]{x^2}}$

   CV: $x = 0$

   ```
   f' > 0    f'und    f' > 0
              x = 0
      ↗      (0,1)      ↗
   ```

   $f''(x) = \frac{-10}{49} x^{-\frac{9}{7}} = \frac{-10}{49 \sqrt[7]{x^9}}$

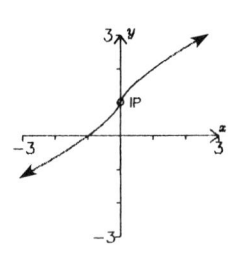

   ```
   f" > 0   f" und    f" < 0
             x = 0
   con up            con dn
            IP (0,1)
   ```

13. $f(x) = \frac{1}{x^2 - 6x}$

   $f(x) = \frac{1}{x(x-6)}$

   Vertical asymptotes: $x = 0$, $x = 6$

   Horizontal asymptote:

   $\lim\limits_{x \to \pm\infty} f(x) = 0$

   horizontal asymptote at $y = 0$

   $f'(x) = \frac{-[2x - 6]}{(x^2 - 6x)^2}$

   CV: $x = 3$, $x = 0$, $x = 6$

   ```
    f' > 0  f'und  f' < 0  f' = 0  f' > 0  f'und  f' < 0
            x = 0          x = 3           x = 6
       ↗     ↘       →       ↗       ↘
                         rel max
                         (3, -1/9)
   ```

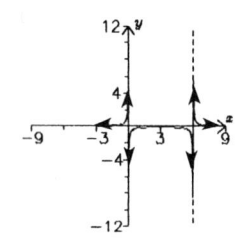

17. $f(x) = \dfrac{1 - 2x}{x^2}$

Vertical asymptote: at $x = 0$

Horizontal asymptote:

$\lim\limits_{x \to \pm\infty} f(x) = 0$

horizontal asymptote at $y = 0$

$f'(x) = \dfrac{x^2(-2) - (1 - 2x)(2)(x)}{x^4} = \dfrac{-2x^2 - 2x(1 - 2x)}{x^4}$

$= \dfrac{-2x^2 - 2x + 4x^2}{x^4} = \dfrac{2x^2 - 2x}{x^4} = \dfrac{2x(x - 1)}{x^4}$

CV: $x = 0$, $x = 1$

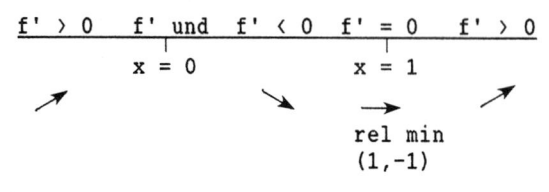

```
f' > 0      f' und   f' < 0   f' = 0   f' > 0
              |                  |
            x = 0              x = 1
  ↗           ↘        →         ↗
                              rel min
                              (1,-1)
```

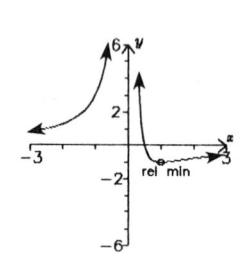

21. $f(x) = x^4 - 4x^3 - 8x^2 + 6x$ $[-1, 5]$

$f'(x) = 4x^3 - 12x^2 - 16x = 4x[x^2 - 3x - 4] = 4x(x - 4)(x + 1)$

CV: $x = 0$, $x = -1$, $x = 4$

```
f' < 0   f' = 0   f' > 0   f' = 0   f' < 0   f' = 0   f' > 0
           |                 |                 |
         x = -1            x = 0             x = 4
  ↘        →        ↗        →        ↘        →        ↗
        rel min          rel max           rel min
        (-1,61)          (0,64)            (4,-64)
```

CV $\begin{cases} (-1,61) \\ (0,64) & \leftarrow \text{largest} \\ (4,-64) & \leftarrow \text{smallest} \end{cases}$

EP $\begin{cases} (-1,61) \\ (5,-11) \end{cases}$

Maximum f is 64 (at x = 0)
Minimum f is -64 (at x = 4)

25. $g(w) = (w^2 - 4)^2 \quad [-3,3]$

$g'(w) = 2(w^2 - 4)(2w) = 4w(w^2 - 4) = 4w(w + 2)(w - 2)$

CV: $w = 0, w = -2, w = 2$

f' < 0	f' = 0	f' > 0	f' = 0	f' < 0	f' > 0
	x = -2		x = 0		x = 2

↘ rel min (-2,0) ↗ rel max (0,16) ↘ rel min (2,16) ↗

CV $\begin{cases} (-2,0) & \leftarrow \text{smallest} \\ (0,16) \\ (2,16) \end{cases}$

when x = -3   f(x) = 25
      x = 3   f(x) = 25

EP $\begin{cases} (-3,25) \\ (3,25) \end{cases}$ largest

Maximum g is 25 (at w = 3 and at w = -3)
Minimum g is 0 (at w = 2 and at w = -2)

29. $C(x) = 10000 + x^2$

$MC(x) = C'(x) = 2x$

     $C''(x) = 270$ so cost function is minimum

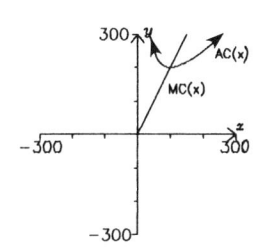

$AC(x) = \dfrac{C(x)}{x} = \dfrac{10,000 + x^2}{x}$; vertical asymptote at x = 0

$$AC'(x) = \frac{x(2x) - 1000 + x^2}{x^2} = \frac{2x^2 - x^2 - 1000}{x^2} = \frac{x^2 - 10,000}{x^2}$$

CV: $x = 100$, $x = -100$, $x = 0$ check only $x > 0$

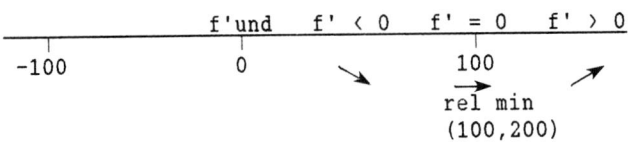

```
              f'und      f' < 0     f' = 0     f' > 0
    |----------|-----------|----------|----------|
   -100        0                     100
                           ↘      rel min      ↗
                                 (100, 200)
```

33. Let x = length and y = width. Since only 240 feet of fence are used,

$4x + 2y = 240$ (1)

Area = xy

From (1):

$$x = \frac{240 - 2y}{4}$$

$$x = \frac{120 - y}{2}$$

$$A = \left(\frac{120 - y}{2}\right)(y)$$

$$A = \frac{120y - y^2}{2}$$

We want to maximize the area.

$A' = 60 - y$

$0 = 60 - y$

$y = 60$

CV: $y = 60$

$A'' = -1 < 0$ so area is maximized

$240 = 4x + 2(60)$

$240 = 4x + 120$

$120 = 4x$

$30 = x$

$\boxed{\begin{array}{l} y = 60 \\ x = 30 \end{array}}$

Answer: $y = 60$ feet   or   each adjacent pen is 20 feet x 30 feet.
          $x = 30$ feet

          total area: 1800 feet^2

Chapter 3.8 Further Applications of The Derivative

37. Since the volume is 8π

$\pi r^2 h = 8\pi$

$h = \dfrac{8\pi}{\pi r^2} = \dfrac{8}{r^2}$

(open top)

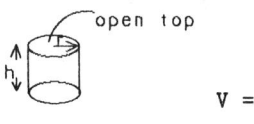

$V = \pi r^2 h$

$A = \pi r^2 + 2\pi rh$

Then,

$A = \pi r^2 + (2\pi r)\left(\dfrac{8}{r^2}\right)$

$A = \pi r^2 + \dfrac{16\pi}{r}$

$A' = 2\pi r - 16\pi r^{-2}$ $\qquad A'' = 2\pi + 32\pi r^{-3}$

$0 = 2\pi r - \dfrac{16\pi}{r^2}$ $\qquad A'' > 0$; area is minimized since $r > 0$

$0 = 2\pi r^3 - 16\pi$

$2\pi r^3 = 16\pi$

$r^3 = 8$

$r = 2$

$h = \dfrac{8}{r^2} = \dfrac{8}{4} = 2$

Answer: radius = 2 inches
height = 2 inches

41. Total cost = cost of cable underwater + cost of cable underground.

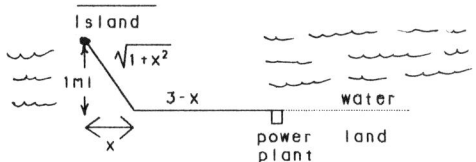

$C(x) = 5000\sqrt{1 + x^2} + 3000(3 - x)$

$C(x) = 5000(1 + x^2)^{\frac{1}{2}} + 3000(3 - x)$

We want to minimize cost.

$C'(x) = 2500(1 + x^2)^{-\frac{1}{2}}(2x) - 3000$

$C'(x) = \dfrac{5000x}{\sqrt{1 + x^2}} - 3000$

$$5000x - 3000\sqrt{1 + x^2} = 0$$

$$\sqrt{1 + x^2} = \frac{5}{3} x$$

$$1 + x^2 = \frac{25}{9} x^2$$

$$x^2 - \frac{25}{9} x^2 + 1 = 0$$

$$-\frac{16}{9} x^2 = -1$$

$$x^2 = \frac{9}{16}$$

$$x = \frac{3}{4} \qquad \boxed{x = \frac{3}{4} \text{ mile}}$$

$$C''(x) = \frac{(\sqrt{1 + x^2})(5000) - (5000)(\frac{1}{2})(1 + x^2)^{-\frac{1}{2}}}{1 + x^2}$$

At $x = \frac{3}{4}$; $C''(x) > 0$ so cost is minimized.

Thus, the distance downshore from the island where the cable should meet the land is $\frac{3}{4}$ mile.

CHAPTER 4
EXPONENTIAL AND LOGARITHMIC FUNCTIONS

Exercises 4.1 Exponential Functions

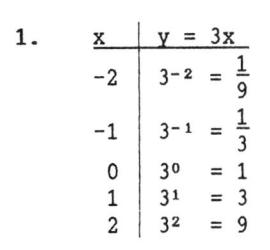

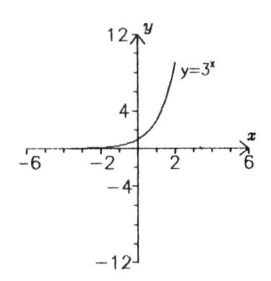

1.

x	y = 3x
-2	$3^{-2} = \frac{1}{9}$
-1	$3^{-1} = \frac{1}{3}$
0	$3^0 = 1$
1	$3^1 = 3$
2	$3^2 = 9$

The curve rises very steeply on the right, and approaches the x-axis on the left.

5. $e^{1.74} \approx 5.6973434 \approx 5.697$ (rounded to 3 decimal places)

9. The principal is P = 1000

   (a) Since the compounding is done annually, the interest rate is 10%.
   r = 10% = 0.1
   The number of interest periods in 8 years is n = 8, so the compound interest formula gives
   $P(1 + r)^n = 1000 \cdot (1 + .1)^8 = 1000(1.1)^8 \approx \$2143.59$

   ↑ r   ↑ n   ↓ 2.1435888
   (using a calculator)

   (b) Since the compounding is done quarterly, the interest rate per period is one quarter of the annual rate.
   $r = \frac{1}{4} \cdot 10\% = 2.5\% = 0.025$
   The number of quarters in 8 years is n = 32, so the compound interest formula gives
   $P(1 + r)^n = 1000 \cdot (1 + .025)^{32} \approx \$2203.76$

   (c) To find the value of $1000 at 10% interest compounded continuously for 8 years we use the formula Pe^{rn} with P = 1000, r = .1 and n = 8
   $Pe^{rn} = 1000 \cdot e^{(.1)(8)} = 1000e^{.8} \approx \$2225.54$

74 Calculus 4.1

13. The stated rate of 9.25% (compounded daily) is the nominal rate of interest. To determine the effective rate of interest use the compound interest formula, $P(1 + r)^n$ with $r = \frac{9.25\%}{\text{number of days}}$ and n = number of days in a year. Since some banks use 365 days and some use 360 days in a year, we will try both ways.

If n = 365 days, then $r = \frac{9.25\%}{365} = \frac{0.0925}{365} \approx .0002534$

then $P(1 + r)^n = P(1.0002534)^{365} \approx P(1.0969)$, subtracting 1 gives 0.0969 which expressed as a percent gives the effective rate of interest as 9.69%.

If n = 360 days, then $r = \frac{.0925}{360} \approx .0002569$,

then $P(1 + r)^n = P(1.0002569)^{360} \approx P(1.0969)$ and the effective rate is also 9.69%.

Thus, the error in the advertisement is 9.825%. The annual yield should be 9.69% (based on the nominal rate of 9.25%).

17. To compare two interest rates that are compounded differently; convert them both to annual yields.

    10% compounded quarterly;

        $P(1 + r)^n = P(1.025)^4 \approx P(1.1038)$
        Subtracting 1: 1.1038 - 1 = 0.1038
        The effective rate of interest is 10.38%.

    9.8% compounded continuously.

        $Pe^{rn} = Pe^{.098} \approx P(1.1030)$
        Substituting 1: 1.1030 - 1 = .1030
        The effective rate of interest is 10.30%.

Thus 10% compounded quarterly is better than 9.8% compounded continuously.

21. Assuming a 1% annual growth rate, the world population in the year 2055 is given by

    $P(1.01)^n$ where $P \approx 5$ billion people and n = 2055 - 1985 = 70
    $P(1.01)^n$ = 5 billion $(1.01)^{70} \approx$ 5 billion (2.0067634)
            $\approx$ 10 billion people

25. The proportion of light that penetrates to a depth of x feet is given by $e^{-.44x}$.

    (a)   If the depth is 3 feet, $e^{-.44x} = e^{-.44(3)} = e^{-1.32} \approx 0.267$ or 26.7%

    (b)   If the depth is 10 feet, $e^{-.44x} = e^{-.44(10)} = e^{-4.4} \approx 0.0123$ or 1.2%

29. The temperature of the coffee after t hours in a room whose temperature is 70 degrees is:

    $T(t) = 70 + 130e^{-1.8t}$

Chapter 4.1 Exponential and Logarithmic Functions

(a) after 15 minutes, $t = \frac{15}{60}$ hr $= \frac{1}{4}$ hr

$T(\frac{1}{4}) = 70 + 130e^{-1.8(\frac{1}{4})} = 70 + 130e^{-.45} \approx 70 + 130(.6376)$
$\approx 70 + 82.892 \approx 153$ degrees

(b) after half an hour, $t = \frac{30}{60}$ hr $= \frac{1}{2}$ hr

$T(\frac{1}{2}) = 70 + 130e^{-1.8(\frac{1}{2})} = 70 + 130e^{-.9} \approx 70 + 130(.4066)$
$\approx 70 + 52.854 \approx 123$ degrees

Exercises 4.2 Logarithmic Functions

1. (a) $\log_5 25 = x$ is equivalent to $5^x = 25$
   the log x is the exponent that solves
   Since the exponent is 2, the answer is 2.

   $\log_5 25 = 2$ because $5^2 = 25$

   (b) $\log_3 81 = x$ is equivalent to $3^x = 81$
   Since the exponent is 4, the answer is 4.

   $\log_3 81 = 4$ because $3^4 = 81$

   (c) $\log_3 \frac{1}{3} = x$ is equivalent to $3^x = \frac{1}{3}$
   Since the exponent is -1, the answer is -1.
   $\log_3 \frac{1}{3} = -1$ because $3^{-1} = \frac{1}{3}$

   (d) $\log_3 \frac{1}{9} = x$ is equivalent to $3^x = \frac{1}{9}$
   Since the exponent is -2, the answer is -2.
   $\log_3 \frac{1}{9} = -2$ because $3^{-2} = \frac{1}{9}$

   (e) $\log_4 2 = x$ is equivalent to $4^x = 2$
   Since the exponent is $\frac{1}{2}$, the answer is $\frac{1}{2}$.

   $\log_4 2 = \frac{1}{2}$ because $4^{\frac{1}{2}} = 2$

   (f) $\log_4 \frac{1}{2} = x$ is equivalent to $4^x = \frac{1}{2}$
   Since the exponent is $-\frac{1}{2}$, the answer is $-\frac{1}{2}$.

   $\log_4 \frac{1}{2} = -\frac{1}{2}$ because $4^{-\frac{1}{2}} = \frac{1}{2}$

76   Calculus 4.2

5. $f(x) = \ln 9x - \ln 9$

   $= \ln 9 + \ln x - \ln 9$ ← since $\ln 9x = \ln 9 + \ln x$ by property 4.

   $= \ln x$ ← canceling

9. $f(x) = \ln \left(\frac{x}{4}\right) + \ln 4$

   $= \ln x - \ln 4 + \ln 4$ ← since $\ln \left(\frac{x}{4}\right) = \ln x - \ln 4$ by property 5.

   $= \ln x$ ← canceling

13. $f(x) = \ln (x^9) - \ln (x^6)$

   $= 9 \ln x - 6 \ln x$ ← bringing down exponents by property 6.

   $= 3 \ln x$ ← simplifying

17.   (a)   We use the formula $P(1 + r)^n$ with monthly interest rate
$r = \frac{1}{12} \cdot 24\% = 2\% = .02$.

Since double P dollars is 2P dollars,

we solve $P(1 + .02)^n = 2P$

      $1.02^n = 2$

      $\ln (1.02^n) = \ln 2$

      $n \ln 1.02 = \ln 2$

      $n = \frac{\ln 2}{\ln 1.02} \approx \frac{.6931}{.0198} \approx 35$

Since n is in months, we divide by 12 to convert to years,
$\frac{35}{12} \approx 2.9$ years.

A sum at 24% compounded monthly doubles in about 2.9 years.

(b)   To find how many years it will take for an investment to increase by 50%:

     $P(1 + r)^n = 1.5P$

     $(1 + r)^n = 1.5$

     $\ln(1 + r)^n = \ln 1.5$

     $n \ln(1 + r) = \ln 1.5$

Now, $r = \frac{1}{12} \cdot 24\% = 2\% = .02$

thus, $n = \frac{\ln 1.5}{\ln(1 + r)} = \frac{\ln 1.5}{\ln 1.02} \approx \frac{.4055}{.0198} \approx 20.5$

Since n is in months we will divide by 12 to convert to years,
$\frac{20.5}{12} \approx 1.7$ years.

A sum at 24% compounded monthly increases by 50% in about 1.7 years.

21. $r = -30\% = -.3$

$P(1 + r)^n = \frac{1}{2} P$

$(1 - .3)^n = \frac{1}{2}$

$.7^n = \frac{1}{2}$

$\ln .7^n = \ln \frac{1}{2}$

$n \ln 7 = \ln \frac{1}{2}$

$n = \frac{\ln \frac{1}{2}}{\ln .7} \approx \frac{-.6931}{-.3567} \approx 1.9 \text{ years}$

An automobile depreciates by 30% per year to $\frac{1}{2}$ its original value in about 1.9 years.

25. We want to solve $p(t) = 1 - e^{-.03t}$ with $p(t) = 0.90$:

$1 - e^{-.03t} = .9$

$-e^{-.03t} = -.1$

$e^{-.03t} = .1$

$-.03t = \ln .1$

$t = \frac{\ln .1}{-.03} \approx \frac{-2.303}{-.03} \approx 76.8 \text{ days}$

Therefore, it takes about 77 days to reach 90% of the shoppers.

29. We solve for t in the following equation.

$S(t) = 100(1 - e^{-.4t})$

$100(1 - e^{-.4t}) = 80$

$1 - e^{-.4t} = .8$

$-e^{-.4t} = -.2$

$e^{-.4t} = .2$

$-.4t = \ln .2$

$t = \frac{\ln .2}{-.4} \approx \frac{-1.609}{-.4} \approx 4.024$

The student will reach 80 wpm in about 4 weeks.

78 Calculus 4.2

33. The proportion of Potassium 40 remaining after t million years is $e^{-.00054t}$. If they contained 99.91% of their original Potassium 40, then $e^{-.00054t} = .9991$

$$\ln e^{-.00054t} = \ln .9991$$
$$-.00054t = \ln .9991$$
$$t = \frac{\ln .9991}{-.00054} \approx \frac{-.0009004}{-.00054} \approx 1.67$$

Therefore, the estimate of the age of the remains of an early human ancestor discovered in Kenya in 1984 is approximately 1.7 million years.

Exercises 4.3 Differentiation of Logarithmic and Exponential Functions

1. $f(x) = x^2 \ln x$

   $f'(x) = \frac{d(x^2 \ln x)}{dx} = 2x \ln x + x^2 (\frac{1}{x}) = 2x \ln x + x$

5. $f(x) = \ln x^2 = 2 \ln x$

   $f'(x) = 2(\frac{1}{x}) = \frac{2}{x}$

9. $f(x) = \ln \sqrt{x} = \ln x^{\frac{1}{2}} = \frac{1}{2} \ln x$

   $f'(x) = \frac{1}{2}(\frac{1}{x}) = \frac{1}{2x} = \frac{1}{2} x^{-1}$

13. $f(x) = \ln (-x)$

   $f'(x) = \frac{1}{-x}(-1) = \frac{1}{x}$

17. $f(x) = \frac{e^x}{x^2}$

   $f'(x) = \frac{e^x \cdot x^2 - e^x \cdot 2x}{(x^2)^2} = \frac{xe^x(x-2)}{x^4} = \frac{e^x(x-2)}{x^3}$ or $\frac{xe^x - 2e^x}{x^3}$

21. $f(x) = e^{\frac{x^3}{3}}$

   $f'(x) = e^{\frac{x^3}{3}} \cdot \frac{1}{3}(3x^2) = x^2 e^{\frac{x^3}{3}}$

Chapter 4.3 Exponential and Logarithmic Functions 79

25. $f(x) = x - e^{-x}$

$f'(x) = 1 - e^{-x}(-1) = 1 + e^{-x}$

29. $f(x) = e^{1+e^x}$

$f'(x) = e^{1+e^x}(e^x) = e^x e^{1+e^x}$ or e^{1+x+e^x}

33. $f(x) = e^3$

$f'(x) = e^3(0) = 0$

37. $f(x) = x^2 \ln x - \frac{1}{2} x^2 + e^{x^2} + 5$

$f'(x) = \dfrac{d(x^2 \ln x)}{dx} - \dfrac{1}{2}(2x) + e^{x^2}(2x) + (0)$

$= 2x \ln x + x^2(\dfrac{1}{x}) - x + 2xe^{x^2}$

$= 2x \ln x + x - x + 2xe^{x^2}$

$= 2x \ln x + 2xe^{x^2}$

41. $f(x) = \ln(x^4 + 48)$

(a) $f'(x) = \dfrac{4x^3}{x^4 + 48}$

(b) $f'(2) = \dfrac{4(2^3)}{2^4 + 48} = \dfrac{32}{64} = \dfrac{1}{2}$

45. $f(x) = \ln(e^x - 3x)$

(a) $f'(x) = \dfrac{e^x - 3}{e^x - 3x}$

(b) $f'(0) = \dfrac{e^0 - 3}{e^0 - 3(0)} = \dfrac{1 - 3}{1 - 0} = -2$

49. $f(x) = \dfrac{e^x}{x}$

(a) $f'(x) = \dfrac{e^x \cdot x - e^x \cdot 1}{x^2} = \dfrac{xe^x - e^x}{x^2}$

(b) $f'(3) = \dfrac{3e^3 - e^3}{9} = \dfrac{2e^3}{9} \approx 4.463$ (to 3 decimal places)

53. $f(x) = e^{Kx}$
$f'(x) = Ke^{Kx}$
$f''(x) = K \cdot Ke^{Kx} = K^2 e^{Kx}$
$f'''(x) = K \cdot K^2 e^{Kx} = K^3 e^{Kx}$
$\vdots$
$f^{(n)}(x) = K^n e^{Kx}$

57. Graph $f(x) = \ln(x^2 + 1)$
$f'(x) = \dfrac{1}{(x^2 + 1)}(2x) = \dfrac{2x}{x^2 + 1}$
$f'(x) = 0$ at $x = 0$

$f' < 0$	$f' = 0$	$f' > 0$
↘	$x = 0$ →	↗

Rel min: $(0,0)$

$f''(x) = \dfrac{2(x^2 + 1) - 2x(2x)}{(x^2 + 1)^2} = \dfrac{2x^2 + 2 - 4x^2}{(x^2 + 1)^2} = \dfrac{-2x^2 + 2}{(x^2 + 1)^2} = \dfrac{-2(x^2 - 1)}{(x^2 + 1)^2}$

Since $f''(x) = 0$ at $x = \pm 1$, we obtain the following size diagram for f''. The test points show the concavity in each interval.

$f'' < 0$	$f'' = 0$	$f'' > 0$	$f'' = 0$	$f'' < 0$
con dn	$x = -1$	con up	$x = 1$	con dn
	IP$(-1, \ln 2)$		IP$(1, \ln 2)$	

Plotting the relative minimum point and the inflection points gives the graph on the right.

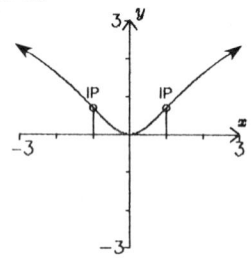

61. $P(t) = 4.3e^{.01t}$ ← world population (in billions)
$P'(t) = 4.3e^{.01t}(.01)$ ← rate of change of the population
$\quad\quad = .043e^{.01t}$
$\quad\quad = .043e^{.01(20)}$ ← $t = 20$ $(2000 - 1980 = 20)$
$\quad\quad = .043e^{.2} \approx (.043)(1.221) \approx .053$ billion people per year
$\quad\quad\quad\quad\quad\quad \approx 53$ million people per year

65. $S(x) = 1000 - 900e^{-.1x}$ ← weekly sales (in thousands)

$S'(x) = -900e^{-.1x}(-.1)$ ← rate of change of sales per week

$= 90e^{-.1x}$

(a) $S'(1) = 90e^{-.1}$ ← rate of change of sales per week after one week

$\approx 90(.9048)$

≈ 81.4 thousand sales per week

(b) $S'(10) = 90e^{-1} \approx 90(.3679) \approx 33.1$ thousand sales per week

69. $p(x) = 400e^{-.20x}$ ← price function (in dollars)

(a) $R(x) = xp(x)$ ← revenue function

$= 400xe^{-.20x}$

(b) To maximize $R(x)$, we differentiate.

$R'(x) = 400e^{-.20x} + 400xe^{-.20x}(-.20) = 400e^{-.20x}(1 - .2x)$

$R'(x) = 0$ when $x = \dfrac{1}{.2} = 5$, which is the only critical value.

We calculate R'' for the second derivative test.

$R''(x) = 400e^{-.20x}(-.20)(1 - .2x) + 400e^{-.20x}(-.20)$

$= 400e^{-.20x}(-.20)(1 - .2x + 1) = -80e^{-.20x}(2 - .2x)$

$= -160e^{-.20x}(1 - .1x)$

At the critical value of $x = 5$, $R''(5) = -80e^{-1} < 0$ so $R(x)$ is maximized at $x = 5$.

At $x = 5$, $p(x) = 400e^{-.20x}$

$p(5) = 400e^{-1} \approx 147.15$

Answer: The revenue is maximized at quantity, $x = 5$ (thousand), and price, $p = \$147.15$.

73. **(a)** $f(x) = 10^x$

$f'(x) = (\ln 10)(10^x)(1) = (\ln 10)10^x$

(b) $f(x) = 3^{x^2+1}$

$f'(x) = (\ln 3)(3^{x^2+1})(2x) = (\ln 3)(2x)3^{x^2+1}$

(c) $f(x) = 2^{3x}$

$f'(x) = (\ln 2)(2^{3x})(3) = (3 \ln 2)2^{3x}$

(d) $f(x) = 5^{3x^2}$

$f'(x) = (\ln 5)(5^{3x^2})(6x) = (6x \ln 5)5^{3x^2}$

(e) $f(x) = 2^{4-x}$

$f'(x) = (\ln 2)(2^{4-x})(-1) = -(\ln 2)2^{4-x}$

82 Calculus 4.4

Exercises 4.4   Two Applications to Economics – Relative Rates and Elasticity of Demand

1. $f(t) = t^2$, $t = 1$ and $t = 10$

   (a) $\dfrac{f'(x)}{f(x)} = \dfrac{2t}{t^2} = \dfrac{2}{t}$

   (b) relative rate of change at $t = 1$: $\dfrac{2}{1} = 2$

   relative rate of change at $t = 10$: $\dfrac{2}{10} = \dfrac{1}{5} = .2$

5. $f(t) = e^{t^2}$, $t = 10$

   (a) $\dfrac{f'(t)}{f(t)} = \dfrac{e^{t^2}(2t)}{e^{t^2}} = 2t$

   (b) relative rate of change at $t = 10$: $2(0) = 20$

9. $f(t) = 25\sqrt{t - 1}$, $t = 6$

   (a) $f'(t) = \dfrac{25}{\sqrt{t - 1}}$

   $\dfrac{f'(t)}{f(t)} = \dfrac{\frac{25}{2\sqrt{t - 1}}}{25\sqrt{t - 1}} = \dfrac{1}{2(t - 1)}$

   (b) relative rate of change at $t = 6$: $\dfrac{1}{2(6 - 1)} = \dfrac{1}{2(5)} = \dfrac{1}{10}$

13. $D(p) = 200 - 5p$, $p = 10$

    (a) elasticity of demand is:

    $E(p) = \dfrac{-p \cdot D'(p)}{D(p)} = \dfrac{-p(-5)}{200 - 5p} = \dfrac{5p}{200 - 5p} = \dfrac{p}{40 - p}$

    (b) Evaluating at $p = 10$

    $E(10) = \dfrac{10}{40 - 10} = \dfrac{10}{30} = \dfrac{1}{3}$

    The elasticity is less than 1, and so the demand is inelastic at $p = 10$.

17. $D(p) = \dfrac{300}{p}$, $p = 4$

    (a) elasticity of demand is:

    $E(p) = \dfrac{-p \cdot D'(p)}{D(p)} = \dfrac{-p\left(\frac{-300}{p^2}\right)}{\frac{300}{p}} = 1$

(b) The elasticity equals 1, so the demand is unitary elastic.

21. $D(p) = \frac{100}{p^2}$, $p = 40$

   (a) $E(p) = \frac{-p \cdot D'(p)}{D(p)} = \frac{-p \cdot -2(\frac{100}{p^3})}{\frac{100}{p^2}} = 2$

   (b) $E(p) = 2 > 0$, so the demand is elastic.

25. The demand function is:
$$D(p) = 2(15 - .001p)^2.$$
To determine whether the dealer needs to raise or lower the price to increase revenue, we need to determine the elasticity of demand.

$$E(p) = \frac{-p \cdot D'(p)}{D(p)} = \frac{-p \cdot 4(15 - .001p)(-.001)}{2(15 - .001p)^2} = \frac{.002p}{15 - .001p}$$

When the cars sell at a price of $12,000,
$$E(\$12,000) = \frac{.002(12,000)}{15 - .001(12,000)} = \frac{24}{15 - 12} = \frac{24}{3} = 8$$

Since $E = 8 > 1$, to increase revenues the dealer should lower prices.

29. $D(p) = \frac{120}{10 + p}$

$$E(p) = \frac{-p \cdot D'(p)}{D(p)} = \frac{-p \cdot \frac{-120}{(10 + p)^2}}{\frac{120}{10 + p}} = \frac{p}{10 + p}$$

$$E(6) = \frac{6}{10 + 6} = \frac{6}{16} = \frac{3}{8} = .375$$

Since $E = \frac{3}{8} < 1$, raising prices should increase revenues. Yes, the commission should grant the request.

33. $D(p) = ae^{-cp}$

$$E(p) = \frac{-p \cdot D'(p)}{D(p)} = \frac{-p(ace^{-cp})}{ae^{-cp}} = cp$$

Exercises 4.5 Review of Chapter Four

1. $P = \$10,000$,

   (a) quarterly: $r = \frac{1}{4} \cdot 8\% = 2\% = .02$

   $n = 4 \cdot 8 = 32$

   The compound interest formula gives
   $$P(1 + r)^n = 10000(1 + .02)^{32} = 10000(1.02)^{32} \approx \$18,845.41$$

84 Calculus 4.5

    (b)   continuously: $r = 8\% = .08$, $t = 8$

           $Pe^{rt} = 10000e^{.08(8)} = 10000e^{.64} \approx \$18,964.81$

5. $r = \frac{1}{2} \cdot 10\% = 5\% = .05$

    (a) $P(1 + .05)^n = 2P$

             $1.05^n = 2$

          $\ln 1.05^n = \ln 2$

         $n \ln 1.05 = \ln 2$

               $n = \frac{\ln 2}{\ln 1.05} \approx \frac{.6931}{.0488} \approx 14.2$

    Since n is in $\frac{1}{2}$ years, we divide by 2 to convert to years, $\frac{14.2}{2} \approx 7.1$ years.

    (b) $P(1.05)^n = 1.5P$

             $1.05^n = 1.5$

         $\ln 1.05^n = \ln 1.5$

        $n \ln 1.05 = \ln 1.5$

              $n = \frac{\ln 1.5}{\ln 1.05} \approx \frac{0.4055}{0.0488} \approx 8.31$ half years

              $\frac{8.31}{2} \approx 4.2$ years

9.   We want to solve $N(t) = 1{,}000{,}000(1 - e^{-.3t})$ with $N(t) = 500{,}000$

          $1000000(1 - e^{-.3t}) = 500000$

             $1 - e^{-.3t} = .5$

                $-e^{-.3t} = -.5$

                 $e^{-.3t} = .5$

                  $-.3t = \ln .5$

                     $t = \frac{\ln .5}{-.3} \approx \frac{-.6931}{-.3} \approx 2.3$ hours

13. $f(x) = \ln 2x$

     $f'(x) = \frac{1}{2x}(2) = \frac{1}{x}$

17. $f(x) = \ln \sqrt[3]{x}$

     $f'(x) = \frac{1}{\sqrt[3]{x}} \cdot \frac{1}{3} \cdot \frac{1}{\sqrt[3]{x^2}} = \frac{1}{3x}$

21. $f(x) = e^{-x^2}$

$f'(x) = e^{-x^2}(-2x) = -2xe^{-x^2}$

25. $f(x) = 5x^2 + 2x \ln x + 1$

$f'(x) = 10x + 2 \ln x + \dfrac{2x}{x} + 0$

$= 10x + 2 \ln x + 2$

29. Graph. $f(x) = \ln(x^2 + 4)$

$f'(x) = \dfrac{2x}{x^2 + 4}$, $f'(x) = 0$ at $x = 0$

$f' < 0$	$f' = 0$	$f' > 0$
↘	$x = 0$	↗

Rel min: $(0, \ln 4) \approx (0, 1.4)$

$f''(x) = \dfrac{2(x^2 + 4) - 2x(2x)}{(x^2 + 4)^2} = \dfrac{2x^2 + 8 - 4x^2}{(x^2 + 4)^2} = \dfrac{-2(x^2 - 4)}{(x^2 + 4)^2}$

$f''(x) = 0$ at $x = \pm 2$, thus,

$f'' < 0$	$f'' = 0$	$f'' > 0$	$f'' = 0$	$f'' < 0$
con dn	$x = -2$	con up	$x = 2$	con dn
	IP$(-2, \ln 8)$		IP$(2, \ln 8)$	
	$\approx (-2, 2.1)$		$\approx (2, 2.1)$	

Plotting the relative minimum point and the inflection points gives the graph to the right.

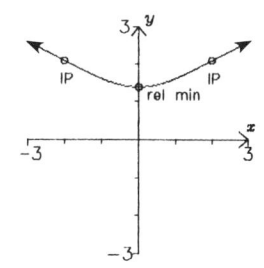

33. $P(t) = 100 - 20 \ln(t + 1)$

$P'(t) = \dfrac{-20}{t + 1}$ ← rate of change

$P'(5) = \dfrac{-20}{5 + 1} = \dfrac{-20}{6}$ ← rate of change after 5 seconds

$= \dfrac{-10}{3} = -3\dfrac{1}{3}$

The rate of change after 5 seconds is decreasing by $3\dfrac{1}{3}$ % per second.

37. $p(x) = 200e^{-.25x}$

(a) $R(x) = xp(x) = 200xe^{-.25x}$

(b) $R'(x) = 200e^{-.25x} + 200xe^{-.25x}(-.25)$

$\qquad = 200e^{-.25x}(1 - .25x)$

$R'(x) = 0$ when $x = \dfrac{1}{.25} = 4$, which is the only critical value.

$R''(x) = 200e^{-.25x}(-.25)(1 - .25x) + 200e^{-.25x}(-.25)$

$\qquad = 200e^{-.25x}(-.25)(1 - .25x + 1)$

$\qquad = -50e^{-.25x}(2 - .25x)$

at $x = 4$

$R''(4) = -50e^{-1} < 0$ so, $R(x)$ is maximized at $x = 4$.

Thus, quantity $x = 4$ thousand and price $p(4) = 200e^{-1} \approx \$73.58$.

41. $G(t) = 5 + 2e^{.01t}$

$\dfrac{G'(t)}{G(t)} = \dfrac{2e^{.01t}(.01)}{5 + 2e^{.01t}} = \dfrac{.02e^{.01t}}{5 + 2e^{.01t}}$

If $t = 20$, then the relative rate of change is: $\dfrac{.02e^{.2}}{5 + 2e^{.2}} \approx .0033 \approx 0.33\%$

CHAPTER 5
INTEGRATION AND ITS APPLICATIONS

Exercises 5.1 Antiderivatives

1. $\int x^4 \, dx = \dfrac{x^5}{5} + C$

5. $\int \sqrt{u} \, du = \int u^{\frac{1}{2}} \, du = \dfrac{2}{3} u^{\frac{3}{2}} + C$

9. $\int \dfrac{dz}{\sqrt{z}} = z^{-\frac{1}{2}} \, dz = 2z^{\frac{1}{2}} + C$

13. $\int (8x^3 - 3x^2 + 2) \, dx = \int 8x^3 \, dx - \int 3x^2 \, dx + \int 2 \, dx$

$= 8 \int x^3 \, dx - 3 \int x^2 \, dx + 2 \int dx$

$= \dfrac{8x^4}{4} - \dfrac{3x^3}{3} + 2x + C$

$= 2x^4 - x^3 + 2x + C$

17. $\int (16 \sqrt[3]{x^2} - \dfrac{16}{\sqrt[3]{x^5}}) \, dx = \int (16x^{\frac{5}{3}} - 16x^{-\frac{5}{3}}) \, dx$

$= \int 16x^{\frac{5}{3}} \, dx - \int 16x^{-\frac{5}{3}} \, dx = 16 \int x^{\frac{5}{3}} \, dx - 16 \int x^{-\frac{5}{3}} \, dx$

$= (16)(\dfrac{3}{8}) x^{\frac{8}{3}} - 16(-\dfrac{3}{2}) x^{-\frac{2}{3}} + C = 6x^{\frac{8}{3}} + 24x^{-\frac{2}{3}} + C$

21. $\int (x - 1)^2 \, dx = \int (x^2 - 2x + 1) \, dx$

$= \int x^2 \, dx - \int 2x \, dx + \int dx$

$= \dfrac{x^3}{3} - \dfrac{2x^2}{2} + x + C = \dfrac{1}{3} x^3 - x^2 + x + C$

25. $\int \dfrac{6x^3 - 6x^2 + x}{x} \, dx = \int (6x^2 - 6x + 1) \, dx$

$= 6 \int x^2 \, dx - 6 \int x \, dx + \int dx$

$= \dfrac{6x^3}{3} - \dfrac{6x^2}{2} + x + C = 2x^3 - 3x^2 + x + C$

88   Calculus 5.1

29. $\int (r-1)(r+1)\,dr = \int (r^2 - 1)\,dr$

$= \int r^2\,dr - \int dr = \dfrac{r^3}{3} - r + C$

33. $\int (t+1)^3\,dt = \int (t^3 + 3t^2 + 3t + 1)\,dt$

$= \int t^3\,dt + \int 3t^2\,dt + \int 3t\,dt + \int dt$

$= \int t^3\,dt + 3\int t^2\,dt + 3\int t\,dt + \int dt$

$= \dfrac{t^4}{4} + \dfrac{3t^3}{3} + \dfrac{3t^2}{2} + t + C$

$= \dfrac{1}{4}t^4 + t^3 + \dfrac{3}{2}t^2 + t + C$

37. $MC(x) = 20x^{\frac{3}{2}} - 15x^{\frac{2}{3}} + 1$

$C(x) = \int MC(x)\,dx = \int (20x^{\frac{3}{2}} - 15x^{\frac{2}{3}} + 1)\,dx$

$= \int 20x^{\frac{3}{2}}\,dx - \int 15x^{\frac{2}{3}}\,dx + \int dx$

$= 20\int x^{\frac{3}{2}}\,dx - 15\int x^{\frac{2}{3}}\,dx + \int dx$

$= (20)(\dfrac{2}{5})x^{\frac{5}{2}} - (15)(\dfrac{3}{5})x^{\frac{5}{3}} + x + k$

$= 8x^{\frac{5}{2}} - 9x^{\frac{5}{3}} + x + k$

Fixed costs $= C(0) = 8(0)^{\frac{5}{2}} - 9(0)^{\frac{5}{3}} + 0 + k = k$

$k = 4000$

$C(x) = 8x^{\frac{5}{2}} - 9x^{\frac{5}{3}} + x + 4000$

41. $V(t) = -.09t^2 + 8t$ feet per second after t seconds (for t < 35)

(a) $D(t) = \int V(t)\,dt = \int (-.09t^2 + 8t)\,dt$

$= \int (-.09t^2)\,dt + \int 8t\,dt = -.09\int t^2\,dt + 8\int t\,dt$

$= -.09\,\dfrac{t^3}{3} + 8\,\dfrac{t^2}{2} + C = -.03t^3 + 4t^2 + C$

Evaluating $D(t)$ at $t = 0$ gives $D(0) = C$. Since the distance is 0 at time $t = 0$, $C = 0$. Thus, $D(t) = -.03t^3 + 4t^2$.

(b)   The distance the car will travel in the first ten seconds is given by $D(10)$. $D(10) = -.03(10)^3 + 4(10)^2$

$= -30\quad + 400\quad = 370$ feet

45. $r(t) = 40\sqrt{t^3}$ tons per year

(a)   Total amount of pollution $= P(t) = \int 40\sqrt{t^3}\,dt$

$$P(t) = \int 40t^{\frac{3}{2}} \, dt = (40)(\frac{2}{5})t^{\frac{5}{2}} + C = 16t^{\frac{5}{2}} + C$$

Evaluate $P(0)$ to find C: $0 = 16(0)^{\frac{5}{2}} + C$. $0 = C$ since $P(0) = 0$

Thus, $P(t) = 16t^{\frac{5}{2}}$

(b) $P(4) = 16(4)^{\frac{5}{2}}$ $P(4) = 516$ tons

Thus, 516 tons of pollution will enter the lake in the first four years of the plant's operation.

(c) No, since $516 > 400$

Exercises 5.2 Integration Using Logarithmic and Exponential Functions

1. $\int e^{3x} \, dx = \frac{1}{3} e^{3x} + C$

5. $\int e^{.05x} \, dx = \frac{1}{.05} e^{.05x} + C = 20 e^{.05x} + C$

9. $\int e^{-.5x} \, dx = -\frac{1}{.5} e^{-.05x} + C$
   $= -2 e^{-.05x} + C$

13. $\int 18 e^{-\frac{3}{4}u} \, du = 18 \int e^{-\frac{3}{4}u} \, du$
    $= (18)(-\frac{4}{3}) e^{-\frac{3}{4}u} + C$
    $= -24 e^{-\frac{3}{4}u} + C$

17. $\int -5x^{-1} \, dx = -5 \int x^{-1} \, dx = -5 \ln|x| + C$

21. $\int \frac{3 \, dx}{x^2} = 3 \int x^{-2} \, dx = \frac{3x^{-1}}{-1} + C = -3x^{-1} + C$

25. $\int \frac{3}{2x} \, dx = \frac{3}{2} \int x^{-1} \, dx = \frac{3}{2} \ln|x| + C$

29. $\int (3e^{.5t} - 2t^{-1}) \, dt = \int 3e^{.5t} \, dt - \int 2t^{-1} \, dt$
    $= 3 \int e^{.5t} \, dt - 2 \int t^{-1} \, dt$
    $= (3)(\frac{1}{.5}) e^{.5t} - 2 \ln|t| + C = 6 e^{.5t} - 2 \ln|t| + C$

33. $\int (5e^{.02t} - 2e^{.01t}) \, dt = \int 5e^{.02t} \, dt - \int 2e^{.01t} \, dt$

$\qquad = 5 \int e^{.02t} \, dt - 2 \int e^{.01t} \, dt$

$\qquad = (5)(\frac{1}{.02}) e^{.02t} - 2(\frac{1}{.01}) e^{.01t} + C$

$\qquad = 250 e^{.02t} - 200 e^{.01t} + C$

37. $r(t) = \frac{50}{t}$

To find total sales, integrate the sales rate $r(t) = \frac{50}{t}$: $(t > 1)$

(a) The total number of records sold up to day t

$S(t) = \int r(t) \, dt = \int \frac{50}{t} \, dt = 50 \int \frac{1}{t} \, dt = 50 \ln t + C$

(absolute value bars are omitted since $t > 1$)
To find initial sales (C) we need to evaluate $S(1)$ since $t = 1$ corresponds to the beginning of the sale, at which time none of the inventory of 350 books had been sold.

$\qquad S(1) = 50 \ln (1) + C$
$\qquad \qquad = 0$
Thus, $S(t) = 50 \ln (t)$

(b) To determine the number of records sold by day $t = 30$, we need to evaluate $S(30)$.

$\qquad S(30) = 50 \ln (30)$
$\qquad S(30) \approx (50)(3.40)$
$\qquad S(30) \approx 170$ records sold
since $S(30) = 170 < 200$, the store will not sell its inventory by day 30.

41. To find a formula for the total maintenance cost, during the first x years we integrate the rate of cost, $r(x) = 200e^{.4x}$ (dollars per year).

(a) $M(x) = \int r(x) \, dx = \int 200 e^{.4x} \, dx = 200 \int e^{.4x} \, dx = 200(\frac{1}{.4}) e^{.4x} + C$

$\qquad \qquad = 500 e^{.4x} + C$

Since the total maintenance should be zero at $x = 0$, by evaluating $M(0)$, we can find C.

$\qquad M(0) = 500 e^{.4(0)} + C$
$\qquad M(0) = 500 e^{0} + C$
$\qquad M(0) = 500(1) + C$
$\qquad -500 = C$
Thus, $M(x) = 500 e^{.4x} - 500$

(b) Evaluate $M(5)$ to find the total maintenance cost during the first five years.

$\qquad M(5) = 500 e^{.4(5)} - 500$

$$M(5) = 500e^2 - 500$$
$$\approx (500)(7.38) - 500$$
$$M(5) \approx 3194.5 \quad \text{or} \quad \approx \$3195$$

45. $r(t) = 20,000e^{-.2t}$ dollars per year,
where t is the number of years that the computer has been in operation.

(a) To find the formula for total savings, $S(t)$, we integrate $r(t)$.

$$S(t) = \int r(t) \, dt = \int 800e^{-.2t} \, dt$$

$$= 800 \int e^{-.2t} \, dt$$

$$= (800)\left(\frac{1}{-.2}\right) e^{-.2t} + C$$

$$= -4000e^{-.2t} + C$$

Since $S(0) = 0$ at $t = 0$,

$$S(0) = -4000e^{-.2(0)} + C = 0$$
$$= -4000(1) + C$$
$$C = 4000$$

Thus, $S(t) = -4000e^{-.2t} + 4000$

(b) To predict when the equipment will "pay for itself", set $S(t) = 2000$ and solve for t.

$$2000 = -4000e^{-.2t} + 4000$$
$$-2000 = -4000e^{-.2t}$$
$$.5 = e^{-.2t}$$
$$\ln .5 = -.2t$$
$$.693 \approx -.2t$$
$$3.47 \text{ years} \approx t$$

Thus, the new equipment will "pay for itself" in about $3\frac{1}{2}$ years.

49. $\int \frac{(t-1)(t+3)}{t^2} \, dt$

$$= \int \frac{t^2 + 2t - 3}{t^2} \, dt$$

$$= \int \frac{t^2}{t^2} \, dt + \int \frac{2t}{t^2} \, dt - \int \frac{3}{t^2} \, dt$$

$$= \int dt + 2\int \frac{1}{t} \, dt - 3\int t^{-2} \, dt$$

$$= t + 2\ln|t| - 3\left(\frac{1}{-1}\right) t^{-1} + C$$

$$= t + 2\ln|t| + 3t^{-1} + C$$

$$= t + 2\ln|t| + \frac{3}{t} + C$$

$$= t + \frac{3}{t} + 2\ln|t| + C$$

Exercises 5.3 Definite Integrals and Areas

1. $\int_0^2 4x^3 \, dx = \left(\dfrac{4x^4}{4}\right)\Big|_0^2 = x^4 \Big|_0^2 = 16 - 0 = 16$

5. $\int_1^5 \dfrac{1}{x} \, dx = \ln x \Big|_1^5 = \ln 5 - \ln 1 = \ln 5$

9. $\int_2^4 (1 + x^{-2}) \, dx = \left(x + \dfrac{1}{-1} x^{-1}\right)\Big|_2^4 = (x - x^{-1})\Big|_2^4 = \left(4 - \dfrac{1}{4}\right) - \left(2 - \dfrac{1}{2}\right)$

   $= 4 - 2 - \dfrac{1}{4} + \dfrac{1}{2} = 2 + \dfrac{1}{4} = 2\dfrac{1}{4}$ or $\dfrac{9}{4}$

13. $\int_{-2}^2 (2w + 4) \, dw = \left(\dfrac{2w^2}{2} + 4w\right)\Big|_{-2}^2 = (w^2 + 4w)\Big|_{-2}^2 = (4 + 8) - (4 - 8)$

    $= 12 + 4 = 16$

17. $\int_{-1}^1 e^{-x} \, dx = -e^{-x} \Big|_{-1}^1 = -e^{-1} - (-e^1) = -e^{-1} + e$ or $e - \dfrac{1}{e}$

21. $\int_0^1 (e^x - 2x) \, dx = \left(e^x - \dfrac{2x}{2}\right)\Big|_0^1 = (e^x - x^2)\Big|_0^1 = (e^1 - 1) - (1 - 0)$

    $= e - 2$

25. $\int_1^3 (x^{-2} - x^{-1}) \, dx = \int_1^3 \left(x^{-2} - \dfrac{1}{x}\right) dx = \left(\dfrac{x^{-1}}{-1} - \ln |x|\right)\Big|_1^3$

    $= \left(\dfrac{-1}{x} - \ln |x|\right)\Big|_1^3 = \left(-\dfrac{1}{3} - \ln 3\right) - \left(-\dfrac{1}{1} - 0\right)$

    $= -\dfrac{1}{3} - \ln 3 + 1 = \dfrac{2}{3} - \ln 3$

29. $\int_e^{e^2} \dfrac{dx}{x} = \ln x \Big|_e^{e^2} = \ln e^2 - \ln e = 2 - 1 = 1$

33. $\int_1^2 \dfrac{(x+1)^2}{x} \, dx = \int_1^2 \left(\dfrac{x^2 + 2x + 1}{x}\right) dx = \int_1^2 x \, dx + \int_1^2 2 \, dx + \int_1^2 \dfrac{1}{x} \, dx$

    $= \dfrac{x^2}{2}\Big|_1^2 + 2x\Big|_1^2 + \ln x \Big|_1^2$

    $= \left(2 - \dfrac{1}{2}\right) + (4 - 2) + (\ln 2 - \ln 1) = 3\dfrac{1}{2} + \ln 2$

    or $\dfrac{7}{2} + \ln 2$

37. $f(x) = \dfrac{1}{x^3}$

$$A(x) = \int_1^4 \frac{1}{x^3}\,dx = \int_1^4 x^{-3}\,dx = \left.\frac{x^{-2}}{-2}\right|_1^4 = \left.\frac{1}{-2x^2}\right|_1^4 = -\frac{1}{32} - \left(-\frac{1}{2}\right)$$

$$= -\frac{1}{32} + \frac{1}{2} = \frac{15}{32} \text{ square units}$$

41. $f(x) = 8 - 4\sqrt[3]{x}$

$$A(x) = \int_0^8 (8 - 4x^{\frac{1}{3}})\,dx = \left.(8x - 3x^{\frac{4}{3}})\right|_0^8 = (64 - 48) - 0 = 16 \text{ square units}$$

45. $f(x) = e^{\frac{x}{2}}$

$$A(x) = \int_0^2 e^{\frac{x}{2}}\,dx = \left.2e^{\frac{x}{2}}\right|_0^2 = 2e^1 - 2e^0 = (2e - 2) \text{ square units}$$

49. $f(x) = x$

(a) $A(x) = \int_0^2 x\,dx = \left.\frac{x^2}{2}\right|_0^2 = 2 - 0 = 2$ square units

(b) $f(x) = x$

Area $= \frac{1}{2}bh = \frac{1}{2}(2)(2)$
$= 2$ square units which is the same as (a).

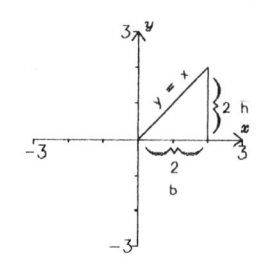

53. $r(t) = -3t^2 + 18t + 10$ units per hour where t is the number of hours after noon ($t \le 6$)

Let S(t) = total consumption between the hours of 1 and 5 pm.

$$S(t) = \int_1^5 (-3t^2 + 18t + 10)\,dt = \left.\left(-\frac{3t^3}{3} + \frac{18t^2}{2} + 10t\right)\right|_1^5$$

$$= \left.(-t^3 + 9t^2 + 10t)\right|_1^5 = (-125 + 225 + 50) - [-1 + 9 + 10]$$

$$= 150 - 18 = 132 \text{ units}$$

57. $MC(x) = 6e^{-.02x}$

$$C(x) = \int_0^{100} 6e^{-.02x}\,dx = \left.-6\left(\frac{1}{.02}\right)e^{-.02x}\right|_0^{100} = \left.-300e^{-.02x}\right|_0^{100}$$

$$= (-300e^{-.02(100)}) - (-300e^{-.02(0)}) = -300e^2 + 300$$

$$\approx -40.6 + 300 \approx \$259.40$$

94 Calculus 5.3

61. The rate of tin consumption is given by:
$$r(t) = 0.27e^{.01t} \text{ million tons per year}$$
The total consumption of tin is:
$$S(t) = \int_5^{15} 0.27e^{.01t} \, dt$$
Note: $t = 0$ corresponds to year 1985, thus, $t = 5$ to $t = 15$ corresponds to years beginning 1990 to beginning of 2000.

$$S(t) = (.27)(\frac{1}{.01})e^{.01t} \Big|_5^{15} = 27e^{.01t} \Big|_5^{15} = (27e^{.01(15)}) - 27e^{.01(5)}$$

$$= 27e^{.15} - 27e^{.05} \approx (27)(1.16) - 27(1.05) \approx 31.4 - 28.4$$

$$\approx 3 \text{ or about 3 million tons.}$$

65. $N = \int_A^B ax^{-b} \, dx$

$$N = a\left[\frac{1}{-b+1} x^{-b+1}\right]\Big|_A^B = a\left[(\frac{1}{-b+1} B^{-b+1}) - (\frac{1}{-b+1} A^{-b+1})\right]$$

$$= \frac{a \, B^{-b+1}}{-b+1} - \frac{a \, A^{-b+1}}{-b+1} = \frac{a}{1-b}(B^{1-b} - A^{1-b})$$

Exercises 5.4 Further Applications of Definite Integrals: Average Value and Area Between Curves

1. $f(x) = x^2 \quad [0,3]$

$$A(x) = \frac{1}{3-0} \int_0^3 x^2 \, dx = (\frac{1}{3})(\frac{1}{3})x^3 \Big|_0^3 = \frac{1}{9}x^3 \Big|_0^3 = 3 - 0 = 3$$

5. $f(x) = \frac{1}{x^2} \quad [1,5]$

$$A(x) = \frac{1}{5-1} \int_1^5 \frac{1}{x^2} \, dx = (\frac{1}{4})(\frac{1}{-1})x^{-1} \Big|_1^5 = (-\frac{1}{4})(\frac{1}{x}) \Big|_1^5 = \frac{1}{20} - (-\frac{1}{4}) = \frac{4}{20} = \frac{1}{5}$$

9. $f(x) = 36 - x^2 \quad [-2,2]$

$$A(x) = \frac{1}{2-(-2)} \int_{-2}^2 (36 - x^2) \, dx = \frac{1}{4} \int_{-2}^2 (36 - x^2) \, dx$$

$$= (\frac{1}{4})(36x - \frac{x^3}{3}) \Big|_{-2}^2 = 9x - \frac{x^3}{12} \Big|_{-2}^2 = \left[18 - \frac{8}{12}\right] - \left[-18 + \frac{8}{12}\right]$$

$$= 18 - \frac{8}{12} + 18 - \frac{8}{12} = 36 - 1\frac{1}{3} = 34\frac{2}{3} \text{ or } \frac{104}{3}$$

13. $f(x) = e^{\frac{1}{2}x} \, dx \quad [0,2]$

$$A(x) = \frac{1}{2-0} \int_0^2 e^{\frac{1}{2}x} \, dx = \frac{1}{2} \cdot \frac{2}{1} e^{\frac{1}{2}x} \Big|_0^2 = e^{\frac{1}{2}x} \Big|_0^2 = e^{(\frac{1}{2})(2)} - e^{\frac{1}{2}(0)}$$

$$= e^1 - e^0 = e - 1$$

17. $f(x) = \frac{1}{x}$ [1,2]

$A(x) = \frac{1}{2-1} \int_1^2 \frac{1}{x} dx = \frac{1}{1} \ln x \Big|_1^2 = \ln x \Big|_1^2 = \ln 2 - \ln 1 = \ln 2$

21. $f(x) = ax + b$ [0,2]

$A(x) = \frac{1}{2-0} \int_0^2 (ax + b) dx = \frac{1}{2} \left[\frac{ax^2}{2} + bx\right]\Big|_0^2 = \frac{ax^2}{4} + \frac{bx}{2}$

$= (a + b) - 0 = a + b$

25. $T(t) = -.3t^2 + 4t + 60$ $(t \leq 12)$

$A(t) = \frac{1}{10-0} \int_0^{10} (-.3t^2 + 4t + 60) dt = \frac{1}{10} (-.t^3 + 2t^2 + 60t) \Big|_0^{10}$

$= (-10 + 20 + 60) - 0 = 70 - 0 = 70$

29. $V(t) = 1000e^{.05t}$ [0,40]

$A(t) = \frac{1}{40-0} \int_0^{40} 1000e^{.05t} dt = (\frac{1}{40})(1000)(20) e^{.05t} \Big|_0^{40}$

$= 500e^{.05t} \Big|_0^{40} = 3694.53 - 500 = \$3194.53$

33. $A(x) = \int_0^2 (e^{2x} - e^x) dx = \left[\frac{1}{2} e^{2x} - e^x\right]\Big|_0^2 = (\frac{1}{2} e^4 - e^2) - (\frac{1}{2} e^{2(0)} - e^0)$

$= (\frac{1}{2} e^4 - e^2) - (\frac{1}{2} - 1) = \frac{1}{2} e^4 - e^2 - \frac{1}{2} + 1 = (\frac{1}{2} e^4 - e^2 + \frac{1}{2})$ sq units

37. (a)

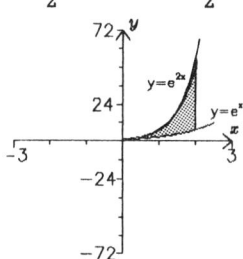

96   Calculus 5.4

(b) $A(x) = \int_{-1}^{2} [(2x + 3) - (-2x - 3)] \, dx = \int_{-1}^{2} (4x + 6) \, dx$

$= (2x^2 + 6x) \Big|_{-1}^{2} = 20 - (-4) = 24$ square units

41. Points of intersection are found by setting the functions equal to each other and solving.

$6x^2 - 10x - 8 = 3x^2 + 8x - 23$
$3x^2 - 18x + 15 = 0$
$3(x^2 - 6x + 5) = 0$
$3(x - 5)(x - 1) = 0$
$x = 5, \; x = 1$

Substitute a value in the interval between 1 and 5 to determine the upper and lower curve.
Use $x = 2$.

$6(2)^2 - 10(2) - 8 = -4$
$3(2)^2 + 8(2) - 23 = 5$

Thus, the upper curve is $y = 3x^2 + 8x - 23$ and the lower curve is $y = 6x^2 - 10x - 8$.

$A(x) = \int_{1}^{5} [(3x^2 + 8x - 23) - (6x^2 - 10x - 8)] \, dx$

$A(x) = \int_{1}^{5} (-3x^2 + 18x - 15) \, dx = (-x^3 + 9x^2 - 15x) \Big|_{1}^{5}$

$= (-125 + 225 - 75) - (-1 + 9 - 15) = 25 + 7 = 32$ square units

45. Points of intersection:

$4x^3 + 1 = 36x + 1$
$4x^3 - 36x = 0$
$4x(x^2 - 9) = 0$
$4x(x + 3)(x - 3) = 0$
$x = 0, \; x = -3, \; x = 3$

Subtract a value to determine the upper and lower curve between -3 and 0. Use $x = -1$.

$y = x^3 + 1: \quad 4(-1)^3 + 1 = -3$
$y = 36x + 1: \quad 36(-1) + 1 = -35$

Therefore, $y = 4x^3 + 1$ is the upper curve between -3 and 0.

Between 0 and 3 use $x = 1$.

$y = x^3 + 1: \quad 4(1)^3 + 1 = 5$
$y = 36x + 1: \quad 36(1) + 1 = 37$

Therefore, $y = 36x + 1$ is the upper curve between 0 and 3.

$$A(x) = \int_{-3}^{0} [(4x^3 + 1) - (36x + 1)] \, dx + \int_{0}^{3} [(36x + 1) - (4x^3 + 1)] \, dx$$

$$= \int_{-3}^{0} (4x^3 - 36x) \, dx + \int_{0}^{3} (-4x^3 + 36x) \, dx$$

$$= (x^4 - 18x^2) \Big|_{-3}^{0} + (-x^4 + 18x^2) \Big|_{0}^{3}$$

$$= 0 - (81 - 162) + (-81 + 162) - 0$$
$$= -81 + 162 + 162 - 81 = 162 \text{ square units}$$

49. Total decrease in population $= \int_{0}^{20} (27e^{.02t} - 21e^{.02t}) \, dt$

$$= (27)(50)e^{.02t} - (21)(50)(e^{.02t}) \Big|_{0}^{20}$$

$$= (1350e^{.02t} - 1050e^{.02t}) \Big|_{0}^{20}$$

$$= e^{.02t}(1350 - 1050) \Big|_{0}^{20} = 300e^{.02t} \Big|_{0}^{20}$$

$$\approx 448 - 300 \approx 148$$

Therefore, the decrease in population resulting from this lower birth rate is about 148 million.

53. Imports: $I(t) = 30e^{.2t}$; Exports: $E(t) = 25e^{.1t}$ (billions of dollars)

Accumulated trade deficit $= \int_{1985; t=0}^{1985+10; t=10} [I(t) - E(t)] \, dt$

$$= \int_{0}^{10} (30e^{.2t} - 25e^{.1t}) \, dt$$

$$= (150e^{.2t} - 250e^{.1t}) \Big|_{0}^{10}$$

$$= (150e^2 - 250e^1) - (150 - 250)$$

$$\approx (1108.4 - 679.6) - (150 - 250)$$

$$\approx 429 + 100 \approx 529$$

Therefore, the country's accumulated trade deficit is about $529 billion.

57. $y = e^{x^2+5x}$

$\dfrac{dy}{dx} = (e^{x^2+5x})(2x + 5) = (2x + 5)(e^{x^2+5x})$

Exercise 5.5 Two Applications to Economics:
Consumers' Surplus and Income Distribution

1. $d(x) = 4000 - 12x; \quad x = 100$
$d(100) = 4000 - 12(100)$
Market price $= d(100) = 2800$

98 Calculus 5.4

$$\text{Consumers surplus} = \int_0^{100} \underbrace{(4000 - 12x}_{\text{demand function}} - \underbrace{2800)}_{\text{market price}} dx = \int_0^{100} (1200 - 12x)\, dx$$

$$= (1200x - 6x^2) \Big|_0^{100} = (1200)(100) - 6(10{,}000)$$

$$= 120{,}000 - 60{,}000 = \$60{,}000$$

5. $d(x) = 350 - .09x^2$; $x = 50$

$d(50) = 350 - .09(50)^2 = 125$
Market price $= d(50) = 125$

$$\text{Consumers surplus} = \int_0^{50} (350 - .09x^2 - 125)\, dx = \int_0^{50} (225 - .09x^2)\, dx$$

$$= 225x - .03x^3 \Big|_0^{50} = 11{,}250 - 3750 = \$7500$$

9. $S(x) = .03x^2$, $x = 200$

Market price $= S(200) = .03(200)^2 = 1200$

$$\text{Producers surplus} = \int_0^{200} \underbrace{(1200}_{\substack{\text{Market}\\\text{price}}} - \underbrace{.03x^2)}_{\substack{\text{Supply}\\\text{function}}} dx = 1200x - .01x^3 \Big|_0^{200}$$

$$= 240{,}000 - 80{,}000 = \$160{,}000$$

13. $d(x) = 300 - 0.4x$, $S(x) = 0.2x$

(a) To find the market demand set $d(x) = S(x)$:

$$300 - .03x^2 = .09x^2$$
$$.12x^2 - 300 = 0$$
$$.12(x^2 - 2500) = 0$$
$$.12(x + 50)(x - 50) = 0$$

Since $x \neq -50$; the market demand occurs at $x = 50$.

(b) Market price at $x = 50$: $d(50) = S(50) = .09(50)^2 = 225$

$$\text{Consumers' surplus} = \int_0^{50} [d(x) - \text{market price}]\, dx$$

$$= \int_0^{50} (300 - .03x^2 - 225)\, dx$$

$$= \int_0^{50} (75 - .03x^2)\, dx = 75x - .01x^3 \Big|_0^{50}$$

$$= 3750 - 1250 = \$2500$$

(c) Producers surplus $= \int_0^{50}$ [market price $-$ S(x)] dx

$$= \int_0^{50} (225 - .09x^2) \, dx = (225 - .03x^3) \Big|_0^{50}$$

$$= 11,250 - 3750 = 7500$$

17. $L(x) = x^{2.1}$

Gini index $= 2 \cdot \int_0^1 [x - L(x)] \, dx = 2 \int_0^1 (x - x^{2.1}) \, dx$

$$= 2(\frac{x^2}{2} - \frac{x^{3.1}}{3.1}) \Big|_0^1 = 2\left[\frac{1}{2} - \frac{1}{3.1} - 0\right]$$

$$= 2(0.177) = 0.354$$

21. $L(x) = x^n$ (for $n > 1$)

Gini index $= 2 \int_0^1 [x - L(x)] \, dx$

$$= 2 \cdot \int_0^1 (x - x^n) \, dx = 2(\frac{x^2}{2} - \frac{x^{n+1}}{n+1}) \Big|_0^1$$

$$= 2(\frac{1}{2} - \frac{1^{n+1}}{n+1} - 0) = 2(\frac{1}{2} - \frac{1}{n+1})$$

$$= 1 - \frac{2}{n+1} = \frac{n-1}{n+1}$$

25. $y = \ln(x^4 + 1)$

$\frac{dy}{dx} = \frac{d[\ln(x^4+1)]}{dx} = (\frac{1}{x^4+1})(4x^3) = \frac{4x^3}{x^4+1}$

Exercises 5.6 Integration by Substitution

1. $\int (x^2 + 1)^9 \, 2x \, dx$ | Let $u = x^2 + 1$
                                        | $du = 2x \, dx$

$= \int u^9 \, du = \frac{u^{10}}{10} + C = \frac{1}{10}(x^2 + 1)^{10} + C$

5. $\int e^{x^5} x^4 \, dx$ | Let $u = x^5$
                                          | $du = 5x^4 \, dx$
                                          | $\frac{du}{5} = x^4 \, dx$

$= \frac{1}{5} \int e^u \, du = \frac{1}{5} e^u + C$

$= \frac{1}{5} e^{x^5} + C$

100 Calculus 5.5

9. $\int \sqrt{x^3 + 1}\, x\, dx$

If $u = x^3 + 1$, then $du = 3x^2\, dx$. However, in order to fit substitution formula $\int u^n\, du = \frac{1}{n+1} u^{n+1} + C$, du must equal a variable raised to a power of 1 not 2.

13. $\int (x^4 - 16)^5 x^3\, dx$

$= \frac{1}{4} \int u^5\, du = \frac{1}{4} \cdot \frac{u^6}{6} + C$

$= \frac{1}{20} u^6 + C = \frac{1}{24}(x^4 - 16)^6 + C$

> Let $u = x^4 - 16$
> $du = 4x^3\, dx$
> $\frac{du}{4} = x^3\, dx$

17. $\int e^{3x}\, dx$

$= \frac{1}{3} \int e^u\, du = \frac{1}{3} e^u + C$

$= \frac{1}{3} e^{3x} + C$

> Let $u = 3x$
> $du = 3\, dx$
> $\frac{du}{3} = dx$

21. $\int \frac{dx}{1 + 5x}$

$= \frac{1}{5} \int \frac{du}{u} = \frac{1}{5} \ln |u| + C$

$= \frac{1}{5} \ln |1 + 5x| + C$

> Let $u = 1 + 5x$
> $du = 5\, dx$
> $\frac{du}{5} = dx$

25. $\int \sqrt[4]{z^4 + 16}\, z^3\, dz$

$= \frac{1}{4} \int u^{\frac{1}{4}}\, du$

$= \left(\frac{1}{4}\right)\left(\frac{4}{5}\right) u^{\frac{5}{4}} + C$

$= \frac{1}{5}(z^4 + 16)^{\frac{5}{4}} + C$

> Let $u = x^4 + 16$
> $du = 4z^3\, dz$
> $\frac{du}{4} = z^3\, dz$

29. $\int (2y^2 + 4y)^5 (y + 1)\, dy$

$= \frac{1}{4} \int u^5\, du = \left(\frac{1}{4}\right)\left(\frac{1}{6}\right) u^6 + C$

$= \frac{1}{24} u^6 + C$

$= \frac{1}{24}(2y^2 + 4y)^6 + C$

> Let $u = 2y^2 + 4y$
> $du = (4y + 4)\, dy$
> $du = 4(y + 1)\, dy$
> $\frac{du}{4} = (y + 1)\, dy$

33. $\displaystyle\int \frac{x^3 + x^2}{3x^4 + 4x^3}\, dx$

$= \dfrac{1}{12}\displaystyle\int \dfrac{du}{u} = \dfrac{1}{12}\ln|3x^4 + 4x^3| + C$

> Let $u = 3x^4 + 4x^3$
> $du = (12x^3 + 12x^2)\, dx$
> $du = 12(x^3 + x^2)\, dx$
> $\dfrac{du}{12} = (x^3 + x^2)\, dx$

37. $\displaystyle\int \frac{x}{1 - x^2}\, dx$

$= -\dfrac{1}{2}\displaystyle\int \dfrac{du}{u} = -\dfrac{1}{2}\ln|u| + C$

$= -\dfrac{1}{2}\ln|1 - x^2| + C$

> Let $u = 1 - x^2$
> $du = -2x\, dx$
> $-\dfrac{du}{2} = x\, dx$

41. $\displaystyle\int \frac{e^{2x}}{e^{2x} + 1}\, dx$

$= \dfrac{1}{2}\displaystyle\int \dfrac{du}{u} = \dfrac{1}{2}\ln|u| + C$

$= \dfrac{1}{2}\ln|e^{2x} + 1| + C = \dfrac{1}{2}\ln|e^{2x} + 1| + C$

> Let $u = e^{2x} + 1$
> $du = 2e^{2x}\, dx$
> $\dfrac{du}{2} = e^{2x}\, dx$

45. $\displaystyle\int \frac{e^{\sqrt{x}}}{\sqrt{x}}\, dx$

$= 2\displaystyle\int e^u\, du = 2e^u + C$

$= 2e^{\sqrt{x}} + C$

> $u = x^{\frac{1}{2}}$
> $du = \dfrac{1}{2}x^{-\frac{1}{2}}\, dx$
> $2\,du = \dfrac{1}{\sqrt{x}}\, dx$

53. $\displaystyle\int_0^1 \frac{x}{x^2 + 1}\, dx$

$= \dfrac{1}{2}\displaystyle\int_1^2 \dfrac{du}{u} = \dfrac{1}{2}\ln u \Big|_1^2$

$= \dfrac{1}{2}(\ln 2 - \ln 1) = \dfrac{1}{2}\ln 2$

> Let $u = x^2 + 1$
> $du = 2x\, dx$
> $\dfrac{du}{2} = x\, dx$

$x = 0,\ u = 1$
$x = 1,\ u = 2$

61. (a) $\dfrac{d}{dx}\left[\dfrac{1}{n+1}u^{n+1} + C\right] = \dfrac{n+1}{n+1}u^{(n+1)-1}\dfrac{du}{dx} + 0 = u^n \dfrac{du}{dx} = u^n u^1$ ⟶ agree

(b) $du = u^1\, dx$

Thus, $\displaystyle\int u^n\, du = \int u^n u^1\, dx$

65.
$MC(x) = \dfrac{1}{2x+1}$

$C(x) = \int MC(x)\, dx = \int (\dfrac{1}{2x+1})\, dx$

$C(u) = \dfrac{1}{2} \int \dfrac{du}{u} = \dfrac{1}{2} \ln |u| + K$

$C(x) = \dfrac{1}{2} \ln |2x+1| + K$

$\boxed{\begin{array}{l} \text{Let } u = 2x+1 \\ du = 2\, dx \\ \dfrac{du}{2} = dx \end{array}}$

To find K: let $x = 0$, $C(0) = 50$, then $50 = \dfrac{1}{2} \ln |2x+1| + K$

$50 = \dfrac{1}{2} \ln |0+1| + K$

$50 = K$

Thus, $C(x) = \dfrac{1}{2} \ln |2x+1| + 50$

69.
$S(x) = \dfrac{1}{x+1}$

Average Sales $= A(x) = \dfrac{1}{4-1} \int_1^4 (\dfrac{1}{x+1})\, dx$

$A(u) = \dfrac{1}{3} \int_1^4 \dfrac{du}{u} = \dfrac{1}{3} \ln u \Big|_2^5$

$A(x) = \dfrac{1}{3} \ln|x+1| \Big|_1^4 = \dfrac{1}{3} \ln 5 - \dfrac{1}{3} \ln 2 = \dfrac{1}{3}(\ln 5 - \ln 2) \approx .305$ million

$\boxed{\begin{array}{l} \text{Let } u = x+1 \\ du = 1\, dx \\ \text{or} \\ x = 1,\ u = 2 \\ x = 4,\ u = 5 \end{array}}$

73.
$F(t) = 100e^{-\frac{1}{4}x}$ per week

Let $S(t) =$ condominiums sold during first 8 weeks.

$S(t) = \int_0^8 100e^{-\frac{1}{4}x}\, dx$

$x = 0,\ u = 0$
$x = 8,\ u = -2$

$\boxed{\begin{array}{l} \text{Let } u = -\dfrac{1}{4} x \\ du = -\dfrac{1}{4}\, dx \\ -4\, du = dx \end{array}}$

$S(u) = -4 \int_0^{-2} 100 e^u\, du$

$S(u) = -400 e^u \Big|_0^{-2} = -400 e^{-2} - (-400) \approx -54.13 + 400 \approx$ about 346

Exercises 5.7 Review of Chapter 5

1. $\int (6\sqrt{x} - 5)\, dx = \int 6\sqrt{x}\, dx - 5 \int dx = 6 \int x^{\frac{1}{2}}\, dx - 5\, dx$

$= (6)(\dfrac{2}{3}) x^{\frac{3}{2}} - 5x + C = 4x^{\frac{3}{2}} - 5x + C$

Chapter 5.6 Integration and Its Applications 103

5. $\int x^2 \sqrt[3]{x^3 - 1}\, dx = \int x^2 (x^3 - 1)^{\frac{1}{3}}\, dx$ Let $u = x^3 - 1$
$du = 3x^2\, dx$
$\dfrac{du}{3} = x^2\, dx$

$= \dfrac{1}{3}\int u^{\frac{1}{3}}\, du = (\dfrac{1}{3})(\dfrac{3}{4}) u^{\frac{4}{3}} + C = \dfrac{1}{4} u^{\frac{4}{3}} + C = \dfrac{1}{4}(x^3 - 1)^{\frac{4}{3}} + C$

9. $\int \dfrac{dx}{9 - 3x}$

$= -\dfrac{1}{3}\int \dfrac{du}{u} = -\dfrac{1}{3} \ln |u| + C$ Let $u = 9 - 3x$
$du = -3dx$
$-\dfrac{du}{3} = dx$

$= -\dfrac{1}{3} \ln |9 - 3x| + C$

13. $\int \dfrac{x^2}{\sqrt[3]{8 + x^3}}\, dx = \int \dfrac{x^2}{(8 + x^3)^{\frac{1}{3}}}\, dx$

$\dfrac{1}{3}\int \dfrac{du}{u^{\frac{1}{3}}} = \dfrac{1}{3}\int u^{-\frac{1}{3}}\, du$ Let $u = 8 + x^3$
$du = 3x^2\, dx$
$\dfrac{du}{3} = x^2\, dx$

$= \dfrac{1}{3} \cdot \dfrac{u^{\frac{2}{3}}}{\frac{2}{3}} + C = \dfrac{1}{2} u^{\frac{2}{3}} + C$

$= \dfrac{1}{2}(8 + x^3)^{\frac{2}{3}} + C$

17. $\int \dfrac{(1 + \sqrt{x})^2}{\sqrt{x}}\, dx$

$= 2\int u^2\, du = 2 \cdot \dfrac{u^3}{3} + C$ Let $u = 1 + x^{\frac{1}{2}}$
$du = \dfrac{1}{2} x^{-\frac{1}{2}}\, dx$
$2\, du = x^{-\frac{1}{2}}\, dx$

$= \dfrac{2}{3}(1 + \sqrt{x})^3 + C$

21. $\int (6e^{3x} - \dfrac{6}{x})\, dx = \int 6e^{3x}\, dx - \int \dfrac{6}{x}\, dx = 6\int e^{3x}\, dx - 6\int \dfrac{1}{x}\, dx$

$= 6(\dfrac{1}{3}) e^{3x} - 6 \ln |x| + C = 2e^{3x} - 6 \ln |x| + C$

25. $\int (x + 4)(x - 4)\, dx = \int (x^2 - 16)\, dx$

$= \int x^2\, dx - 16\int dx = \dfrac{x^3}{3} - 16x + C$

104   Calculus 5.7

29. $\int_0^4 \frac{w}{\sqrt{25-w^2}}\, dw$

When $w = 0$, $x = 25$
$w = 4$, $x = 9$.

Let $x = 25 - w^2$
$dx = -2w\, dw$
$-\frac{dx}{2} = w\, dw$

$= -\frac{1}{2}\int_9^{25} \frac{dx}{x^{\frac{1}{2}}} = -\frac{1}{2}\int_9^{25} x^{-\frac{1}{2}}\, dx$

$= -\frac{1}{2} \cdot \frac{x^{\frac{1}{2}}}{\frac{1}{2}}\Big|_9^{25} = -x^{\frac{1}{2}}\Big|_9^{25} = \sqrt{x}\,\Big|_{25}^{9} = \sqrt{9} - \sqrt{25} = 3 - 5 = -2$

33. $\int_1^{e^4} \frac{dx}{x} = \ln|x| = \ln e^4 - \ln 1 = 4 - 0 = 4$

37. $\int_0^{100} (e^{.05x} - e^{.01x})\, dx = \left(\frac{1}{.05} e^{.05x} - \frac{1}{.01} e^{.01x}\right)\Big|_0^{100}$

$= (20e^{.05x} - 100e^{.01x})\Big|_0^{100} = (20e^5 - 100e^1) - (20 - 100)$

$= 20e^5 - 100e + 80$

41. $f(x) = 12e^{2x}$ $x = 0$ to $x = 3$
Area $= A(x) = \int_0^3 12e^{2x}\, dx = 12\int e^{2x}\, dx$

$= (12)(\frac{1}{2})e^{2x}\Big|_0^3 = 6e^{2x}\Big|_0^3$

$= 6e^6 - 6 = 6[e^6 - 1] = (6e^6 - 6)$ square units

45. $y = \frac{x^2 + 6x}{\sqrt[3]{x^3 + 9x^2 + 17}}$

Area $= A(x) = \int_1^3 \frac{x^2 + 6x}{(x^3 + 9x^2 + 17)^{\frac{1}{3}}}\, dx$

When $x = 1$, $u = 27$
$x = 3$, $u = 125$

Let $u = x^3 + 9x^2 + 17$
$du = (3x^2 + 18x)\, dx$
$du = 3(x^2 + 6x)\, dx$
$\frac{du}{3} = (x^2 + 6x)\, dx$

$= \frac{1}{3}\int_{27}^{125} \frac{du}{u^{\frac{1}{3}}} = \frac{1}{3}\int_{27}^{125} u^{-\frac{1}{3}}\, du$

$= \frac{1}{3} \cdot \frac{u^{\frac{2}{3}}}{\frac{2}{3}}\Big|_{27}^{125} = \frac{1}{2} u^{\frac{2}{3}}\Big|_{27}^{125}$

$= \frac{1}{2}(25 - 9) = \frac{1}{2}(16) = 8$ square units

49. $y = x^2 \qquad y = x$

Determine the intersection points by setting the functions not equal to each other and solving.

$$x^2 = x$$
$$x^2 - x = 0$$
$$x(x - 1) = 0$$
$$x = 0, \ x = 1$$

Substitute a value between 0 and 1 to determine the upper and the lower curve.

$$y = x^2: \ y = (\tfrac{1}{2})^2 = \tfrac{1}{4}$$

$$y = x : \ y = \tfrac{1}{2}$$

Therefore, $y = x$ is the upper curve and $y = x^2$ is the lower curve.

Area $= A(x) = \int_0^1 (x - x^2) \, dx = (\tfrac{x^2}{2} - \tfrac{x^3}{3}) \Big|_0^1$

$= (\tfrac{1}{2} - \tfrac{1}{3}) - 0 = \tfrac{3}{6} - \tfrac{2}{6} = \tfrac{1}{6}$ square units

53. $f(x) = \tfrac{1}{x^2} \qquad [1,4]$

Average value $= A(x) = \dfrac{1}{4-1} \int_1^4 \tfrac{1}{x^2} \, dx = \tfrac{1}{3} \int_1^4 x^{-2} \, dx = -\tfrac{1}{3} x^{-1} \Big|_1^4$

$= -\dfrac{1}{3x} \Big|_1^4 = -\tfrac{1}{12} - (-\tfrac{1}{3}) = -\tfrac{1}{12} + \tfrac{1}{3} = -\tfrac{1}{12} + \tfrac{4}{12}$

$= \tfrac{3}{12} = \tfrac{1}{4}$

57. $MC(x) = \dfrac{1}{\sqrt{2x+9}}$

$C(x) = \int MC(x) \, dx = \int \dfrac{1}{(2x+9)^{\frac{1}{2}}} \, dx \qquad \boxed{\begin{array}{l} \text{Let } u = 2x + 9 \\ du = 2 \, dx \\ \dfrac{du}{2} = dx \end{array}}$

$= \tfrac{1}{2} \int \dfrac{du}{u^{\frac{1}{2}}} = \tfrac{1}{2} \int u^{-\frac{1}{2}} \, du$

$= \tfrac{1}{2} \cdot \dfrac{u^{\frac{1}{2}+C}}{\frac{1}{2}} = u^{\frac{1}{2}} + C = (2x+9)^{\frac{1}{2}} + C$

To find C, set $x = 0$, $C(0) = 100$:

Then, $(2 \cdot 0 + 9)^{\frac{1}{2}} + C = 100$

106 Calculus 5.7

Since, $9^{\frac{1}{2}} + C = 100$
$3 + C = 100$
$C = 97$

Thus, $C(x) = (2x + 9)^{\frac{1}{2}} + 97$

61. The temperature is rising at the rate of $r(t) = .15e^{0.1t}$ degrees per year.
Integrate $r(t)$ to find the total rise in temperature over the next 10 years.

$$T(t) = \int r(t)\, dt = \int_0^{10} .15e^{.1t}\, dt = .15 \int_0^{10} e^{.1t}\, dt$$

$$= (.15)(\frac{1}{.1}) e^{.1t} \Big|_0^{10} = 1.5 e^{.1t} \Big|_0^{10} = 1.5e - 1.5$$

$$= 1.5(e - 1) = 1.5e - 1.5 \approx 2.6 \text{ degrees}$$

65. Area between the curves:

$$A(x) = \int_0^9 (3\sqrt{x} - \frac{1}{9} x^2)\, dx$$

$$= \int_0^9 (3x^{\frac{1}{2}} - \frac{1}{9} x^2)\, dx$$

$$= \left[3(\frac{2}{3}) x^{\frac{3}{2}} - \frac{1}{27} x^3 \right] \Big|_0^9$$

$$= (2x^{\frac{3}{2}} - \frac{1}{27} x^3) \Big|_0^9 = (54 - 27) - 0$$

$$= 27 \text{ square meters}$$

69. $L(x) = x^{3.5}$

Gini index $= 2 \int_0^1 [x - L(x)]\, dx = 2 \int_0^1 (x - x^{3.5})\, dx$

$$= 2(\frac{x^2}{2} - \frac{x^{4.5}}{4.5}) \Big|_0^1 = 2\left[(\frac{1}{2} - \frac{1}{4.5}) - 0 \right] \approx .56$$

CHAPTER 6
INTEGRATION TECHNIQUES AND DIFFERENTIAL EQUATIONS

Exercises 6.1 Integration By Parts

1. $\int e^{2x} \, dx = \frac{1}{2} \int e^{2x} (2 \, dx) = \frac{1}{2} e^{2x} + C$

5. $\int \sqrt{x} \, dx = \int x^{\frac{1}{2}} \, dx = \frac{x^{\frac{3}{2}}}{\frac{3}{2}} + C = \frac{2}{3} x^{\frac{3}{2}} + C$

9. $\int xe^{2x} \, dx$ Let $u = x$ and $dv = e^{2x} \, dx$.

   Then $du = dx$ and $v = \int e^{2x} \, dx = \frac{1}{2} \int e^{2x} \, 2 \, dx = \frac{1}{2} e^{2x}$.

   Therefore, $\int xe^{2x} \, dx = \frac{1}{2} xe^{2x} - \int \frac{1}{2} e^{2x} \, dx$

   $= \frac{1}{2} xe^{2x} - \frac{1}{2} (\frac{1}{2}) \int e^{2x} \, 2 \, dx = \frac{1}{2} xe^{2x} - \frac{1}{4} e^{2x} + C$

13. $\int (x + 2) e^x \, dx$ Let $u = x + 2$ and $dv = e^x \, dx$.

    Then $du = dx$ and $v = \int e^x \, dx = e^x$.

    Therefore, $\int (x + 2) e^x \, dx = (x + 2) e^x - \int e^x \, dx = (x + 2) e^x - e^x + C$

    $= e^x (x + 2 - 1) + C = e^x (x + 1) + C$

17. $\int (x - 3)(x + 4)^5 \, dx$ Let $u = x - 3$ and $dv = (x + 4)^5 \, dx$.

    Then $du = dx$ and $v = \int (x + 4)^5 \, dx$

    $= \frac{1}{6} (x + 4)^6$.

    Therefore, $\int (x - 3)(x + 4)^5 \, dx = \frac{1}{6} (x - 3)(x + 4)^6 - \int \frac{1}{6} (x + 4)^6 \, dx$

    $= \frac{1}{6} (x - 3)(x + 4)^6 - \frac{1}{6} (\frac{1}{7}) (x + 4)^7 + C$

    $= \frac{1}{6} (x - 3)(x + 4)^6 - \frac{1}{42} (x + 4)^7 + C$

21. $\int \frac{\ln t}{t^2} dt = \int \ln t (t^{-2} dt)$ Let $u = \ln t$ and $dv = t^{-2} dt$.

Then $du = \frac{dt}{t}$ and $v = \int t^{-2} dt = -t^{-1}$.

Therefore, $\int \frac{\ln t}{t^2} dt = -t^{-1} \ln t - \int (-t^{-1}) \frac{dt}{t} = -\frac{\ln t}{t} + \int t^{-2} dt$

$= -\frac{\ln t}{t} - \frac{1}{t} + C = -\frac{1}{t}(\ln t + 1) + C$

25. $\int \frac{x}{e^{2x}} dx = \int xe^{-2x} dx$ Let $u = x$ and $dv = e^{-2x} dx$.

Then $du = dx$ and $v = \int e^{-2x} dx = -\frac{1}{2} e^{-2x}$.

Therefore, $\int \frac{x}{e^{2x}} dx = -\frac{1}{2} xe^{-2x} - \int -\frac{1}{2} e^{-2x} dx$

$= -\frac{1}{2} xe^{-2x} + \frac{1}{2} (-\frac{1}{2}) \int e^{-2x} (-2 \, dx)$

$= -\frac{1}{2} xe^{-2x} - \frac{1}{4} e^{-2x} + C$

29. $\int xe^{ax} dx$, $a \neq 0$ Let $u = x$ and $dv = e^{ax} dx$.

Then $du = dx$ and $v = \int e^{ax} dx = \frac{1}{a} e^{ax}$.

Therefore, $\int xe^{ax} dx = \frac{1}{a} xe^{ax} - \int \frac{1}{a} e^{ax} dx = \frac{1}{a} xe^{ax} - \frac{1}{a}(\frac{1}{a}) \int e^{ax} a \, dx$

$= \frac{1}{a} xe^{ax} - \frac{1}{a^2} e^{ax} + C$

33. $\int \ln x \, dx$ Let $u = \ln x$ and $dv = dx$.

Then $du = \frac{dx}{x}$ and $v = \int dx = x$.

Therefore, $\int \ln x \, dx = x \ln x - \int x(\frac{dx}{x}) = x \ln x - x + C$

37. (a) $\int xe^{x^2} dx$ Let $u = x^2$,
Then $du = 2x \, dx$.

$\int xe^{x^2} dx = \int e^u (\frac{du}{2}) = \frac{1}{2} e^u + C$

$= \frac{1}{2} e^{x^2} + C$ (by substitution)

(b) $\int \frac{(\ln x)^3}{x} dx$ $\qquad$ Let $u = \ln x$,
$\qquad\qquad\qquad\qquad\qquad$ Then $du = \frac{dx}{x}$.

$\int \frac{(\ln x)^3}{x} dx = \int u^3 du = \frac{1}{4} u^4 + C$

$\qquad\qquad\qquad = \frac{1}{4} (\ln x)^4 + C$ (by substitution)

(c) $\int x^2 \ln 2x \, dx$ $\qquad$ Let $u = \ln 2x$ and $dv = x^2 dx$.
$\qquad\qquad\qquad\qquad\qquad$ Then $du = \frac{2\,dx}{2x}$ and $v = \frac{1}{3} x^3 = \frac{dx}{x}$.

Therefore, $\int x^2 \ln 2x \, dx = \frac{1}{3} x^3 \ln 2x - \int \frac{1}{3} x^3 (\frac{dx}{x})$

$\qquad\qquad\qquad = \frac{1}{3} x^3 \ln 2x - \frac{1}{3} \int x^2 dx$

$\qquad\qquad\qquad = \frac{1}{3} x^3 \ln 2x - \frac{1}{9} x^3 + C$ (by parts)

(d) $\int \frac{e^x}{e^x + 4} dx$ $\qquad$ Let $u = e^x$.
$\qquad\qquad\qquad\qquad\qquad$ Then $du = e^x dx$.

$\int \frac{e^x}{e^x + 4} dx = \int \frac{du}{u + 4} = \ln |u + 4| + C$

$\qquad\qquad\qquad = \ln |e^x + 4| + C$ (by substitution)

41. $\int_1^3 x^2 \ln x \, dx$ $\qquad$ Let $u = \ln x$ and $dv = x^2 dx$.
$\qquad\qquad\qquad\qquad\qquad$ Then $du = \frac{dx}{x}$ and $v = \frac{1}{3} x^3$.

Therefore, $\int x^2 \ln x \, dx = \frac{1}{3} x^3 \ln x - \int \frac{1}{3} x^3 (\frac{dx}{x}) = \frac{1}{3} x^3 \ln x - \frac{1}{3} \int x^2 dx$

$\qquad\qquad\qquad = \frac{1}{3} x^3 \ln x - \frac{1}{9} x^3 + C$

and $\int_1^3 x^2 \ln x \, dx = \frac{1}{3} x^3 \ln x - \frac{1}{9} x^3 \Big|_1^3$

$\qquad\qquad\qquad = (\frac{27}{3} \ln 3 - \frac{27}{9}) - (\frac{1}{3} \ln 1 - \frac{1}{9})$

$\qquad\qquad\qquad = 9 \ln 3 - \frac{27}{9} - 0 + \frac{1}{9} = 9 \ln 3 - \frac{26}{9}$

45. $\int_0^{\ln 4} t e^t \, dt$ $\qquad$ Let $u = t$ and $dv = e^t dt$.
$\qquad\qquad\qquad\qquad\qquad$ Then $du = dt$ and $v = \int e^t dt = e^t$.

110 Calculus 6.1

Therefore, $\int te^t \, dt = te^t - \int e^t \, dt = te^t - e^t + C$

and $\int_0^{\ln 4} te^t \, dt = (te^t - e^t)\Big|_0^{\ln 4} = (e^{\ln 4} \ln 4 - e^{\ln 4}) - (0 - e^0)$

$= 4 \ln 4 - 4 + 1 = 4 \ln 4 - 3$

49. $\int x^n e^x \, dx \qquad n > 0 \qquad$ Let $\quad u = x^n \quad$ and $\quad dv = e^x \, dx.$

Then $du = nx^{n-1} \, dx$ and $v = \int e^x \, dx = e^x$

Therefore, $\int x^n e^x \, dx = x^n e^x - \int nx^{n-1} e^x \, dx, \qquad n > 0$

$= x^n e^x - n \int x^{n-1} e^x \, dx, \qquad n > 0$

53. **(a)** $\int x^{-1} \, dx \qquad$ Let $\quad u = x^{-1} \quad$ and $\quad dv = dx.$

Then $du = -x^{-2} \, dx$ and $v = x.$

$\int x^{-1} \, dx = x^{-1} x - \int (-x^{-2}) x \, dx = 1 + \int x^{-1} \, dx$

(b) Apparently this equation gives $0 = 1$; but remember that $\int f(x) \, dx = F(x) + C$, where C is an arbitrary constant.
Here $\int x^{-1} \, dx = 1 + \int x^{-1} \, dx$

$\ln |x| + C_1 = 1 + \ln |x| + C_2$

$C_1 = 1 + C_2$

C_1 and C_2 are arbitrary, so we can set $C_1 - C_2 = 1$, and there is no contradiction. Also note that $\int x^{-1} \, dx = \ln |x| + C.$

57. The present value of a continuous stream of income over T years is $\int_0^T C(t)e^{-rt} \, dt$; here $C(t) = 4t$ million years, $T = 10$ years and $r = 10\% = .01$

$\int_0^{10} 4te^{-0.1t} \, dt \qquad$ Let $\quad u = 4t \quad$ and $\quad e^{-0.1t} \, dt = dv.$

Then $du = 4 \, dt$ and $v = \int e^{-0.1t} \, dt = -10e^{-0.1t}$

Therefore, $\int 4te^{-0.1t} \, dt = -40te^{-0.1t} - \int -10e^{-0.1t}(4 \, dt)$

$= -40te^{-0.1t} + 40 \int e^{-.01t} \, dt$

$= -40te^{-0.1t} - 400e^{-.01t} + C$

Chapter 6.1 Integration Techniques And Differential Equations

and $\int_0^{10} 4te^{-.01t}\, dt = (-40te^{-0.1t} - 400e^{-0.1t})\Big|_0^{10}$

$= \left[-40(10)e^{-1} - 400e^{-1}\right] - (0 - 400e^0)$

$= -800e^{-1} + 400 \approx 106$

The present value of the continuous stream of income over the first ten years is approximately $106 million.

61. The area under the curve is $\int_1^2 x \ln x\, dx$

$\int x \ln x\, dx \qquad$ Let $\quad u = \ln x$ and $dv = x\, dx$.

$\qquad\qquad\qquad$ Then $du = \dfrac{dx}{x}$ and $v = \int x\, dx = \dfrac{1}{2}x^2$.

$\int x \ln x\, dx = \dfrac{1}{2}x^2 \ln x - \int \dfrac{1}{2}x^2 \left(\dfrac{dx}{x}\right) = \dfrac{1}{2}x^2 \ln x - \dfrac{1}{2}\int x\, dx$

$\qquad\qquad\qquad\qquad\qquad\qquad = \dfrac{1}{2}x^2 \ln x - \dfrac{1}{4}x^2 + C$

and the area is $\left(\dfrac{1}{2}x^2 \ln x - \dfrac{1}{4}x^2\right)\Big|_1^2 = (2 \ln 2 - 1) - \left(\dfrac{1}{2}\ln 1 - \dfrac{1}{4}\right)$

$\qquad\qquad\qquad\qquad\qquad\qquad = 2 \ln 2 - \dfrac{3}{4} = \ln 4 - \dfrac{3}{4}$

$\qquad\qquad\qquad\qquad\qquad\qquad = 2 \ln 2 - \dfrac{3}{4} \approx .64$ square units

65. $\int x^2 e^{-x}\, dx \qquad$ Let $\quad u = x^2$ and $dv = e^{-x}\, dx$.

$\qquad\qquad\qquad$ Then $du = 2x\, dx$ and $v = \int e^{-x}\, dx = -e^{-x}$.

Therefore, $\int x^2 e^{-x}\, dx = -x^2 e^{-x} - \int (-e^{-x}) 2x\, dx$

$\qquad\qquad\qquad\qquad = -x^2 e^{-x} + \int 2xe^{-x}\, dx$

$\qquad\qquad\qquad\qquad\qquad\qquad$ Let $\quad u = 2x \qquad dv = e^{-x}\, dx$

$\qquad\qquad\qquad\qquad\qquad\qquad\qquad\; du = 2\, dx \qquad v = -e^{-x}$

$\qquad\qquad\qquad\qquad = -x^2 e^{-x} + \left(-2xe^{-x} - \int (-e^{-x}) 2\, dx\right)$

$\qquad\qquad\qquad\qquad = -x^2 e^{-x} - 2xe^{-x} + 2\int e^{-x}\, dx$

$\qquad\qquad\qquad\qquad = -x^2 e^{-x} - 2xe^{-x} - 2e^{-x} + C$

69. $\int x^2 (\ln x)^2 \, dx$ Let $u = (\ln x)^2$ and $dv = x^2 \, dx$.

Then $du = 2 \ln x (\frac{dx}{x})$ and $v = \frac{1}{3} x^3$.

Therefore, $\int x^2 (\ln x)^2 \, dx = \frac{1}{3} x^3 (\ln x)^2 - \int \frac{2}{3} x^3 (\frac{\ln x}{x}) \, dx$

$= \frac{1}{3} x^3 (\ln x)^2 - \int \frac{2}{3} x^2 \ln x \, dx$

Let $u = \ln x$ $dv = \frac{2}{3} x^2 \, dx$

$du = \frac{dx}{x}$ $v = \frac{2}{9} x^3$

$= \frac{1}{3} x^3 (\ln x)^2 - \left[\frac{2}{9} x^3 \ln x - \int \frac{2}{9} x^3 (\frac{dx}{x}) \right]$

$= \frac{1}{3} x^3 (\ln x)^2 - \frac{2}{9} x^3 \ln x + \frac{2}{9} \int x^2 \, dx$

$= \frac{1}{3} x^3 (\ln x)^2 - \frac{2}{9} x^3 \ln x + \frac{2}{27} x^3 + C$

Exercises 6.2   Integration Using Tables

1. $\int \frac{1}{x^2 (5x - 1)} \, dx$

   Formula 12 is $\int \frac{1}{x^2 (ax + b)} \, dx = -\frac{1}{b} (\frac{1}{x} + \frac{a}{b} \ln \left| \frac{x}{ax + b} \right|) + C$

   Here let $a = 5$ and $b = -1$.

   $= -\frac{1}{bx} + \frac{a}{b^2} \ln \left| \frac{ax + b}{x} \right| + C$

5. $\int \frac{x}{1 - x} \, dx$

   Formula 9 is $\int \frac{x}{ax + b} \, dx = \frac{x}{a} - \frac{b}{a^2} \ln |ax + b| + C$

   Here let $a = -1$ and $b = 1$.

9. $\int \frac{1}{x^2 (2x + 1)} \, dx$

   Formula 12 is $\int \frac{1}{x^2 (ax + b)} \, dx = \frac{-1}{bx} + \frac{a}{b^2} \ln \left| \frac{ax + b}{x} \right| + C$

   Here $a = 2$ and $b = 1$, so $\int \frac{1}{x^2 (2x + 1)} \, dx = \frac{-1}{x} + 2 \ln \left| \frac{2x + 1}{x} \right| + C$

   or $= -\frac{1}{x} - 2\ln \left| \frac{x}{2x + 1} \right| + C$

Chapter 6.1 Integration Techniques And Differential Equations 113

13. $\int \dfrac{1}{(2x+1)(x+1)} dx$

Formula 10 is $\int \dfrac{1}{(ax+b)(cx+d)} dx = \dfrac{1}{ad-bc} \ln\left|\dfrac{ax+b}{cx+d}\right| + C$

Here $a = 2$, $b = 1$, $c = 1$, $d = 1$

So $\int \dfrac{1}{(2x+1)(x+1)} dx = \dfrac{1}{2-1} \ln\left|\dfrac{2x+1}{x+1}\right| + C = \ln\left|\dfrac{2x+1}{x+1}\right| + C$

17. $\int \dfrac{1}{z\sqrt{1-z^2}} dz$

Formula 20 is $\int \dfrac{1}{x\sqrt{a^2-x^2}} dx = -\dfrac{1}{a} \ln\left|\dfrac{a+\sqrt{a^2-x^2}}{x}\right| + C$

Here $x = z$ and $a = 1$

So $\int \dfrac{1}{z\sqrt{1-z^2}} dz = -\ln\left|\dfrac{1+\sqrt{1-z^2}}{z}\right| + C$

21. $\int x^{-101} \ln x\, dx$

Formula 23 is $\int x^n \ln x\, dx = \dfrac{x^{n+1}}{(n+1)^2}[(n+1)\ln x - 1] + C$

$= \dfrac{1}{n+1} x^{n+1} \ln x - \dfrac{1}{(n+1)^2} x^{n+1} + C \quad (n \neq -1)$

Here $n = -101$, so $\int x^{-101} \ln x\, dx = \dfrac{x^{-100}}{(-100)^2}[(-100)\ln x - 1] + C$

$= \dfrac{-x^{-100}}{10{,}000}(100 \ln x + 1) + C$

$= -\dfrac{1}{100} x^{-100} \ln x - \dfrac{1}{10000} x^{-100} + C$

25. $\int \dfrac{z}{z^4-4} dz$

Formula 15 is $\int \dfrac{1}{x^2-a^2} dx = \dfrac{1}{2a} \ln\left|\dfrac{x-a}{x+a}\right| + C$

Let $x = z^2$ and $a = 2$
$dx = 2z\, dz$

Then $\int \dfrac{z}{z^4-4} dz = \int \dfrac{\frac{1}{2} dx}{x^2-4} = \dfrac{1}{2}\left(\dfrac{1}{2(2)}\right) \ln\left|\dfrac{x-2}{x+2}\right| + C$

$= \dfrac{1}{8} \ln\left|\dfrac{x-2}{x+2}\right| + C = \dfrac{1}{8} \ln\left|\dfrac{z^2-2}{z^2+2}\right| + C$

Calculus 6.2

29. $\int \dfrac{1}{\sqrt{4 - e^{2t}}}\, dt = \int \dfrac{e^t}{e^t \sqrt{4 - e^{2t}}}\, dt$

Formula 20 is $\int \dfrac{1}{x\sqrt{a^2 - x^2}}\, dx = -\dfrac{1}{a} \ln \left| \dfrac{a + \sqrt{a^2 - x^2}}{x} \right| + C$

Let $x = e^t$ $a = 2$
$dx = e^t\, dt$

Then $\int \dfrac{1}{\sqrt{4 - e^{2t}}}\, dt = \int \dfrac{e^t}{e^t \sqrt{4 - e^{2t}}}\, dt = \int \dfrac{1}{x\sqrt{4 - x^2}}\, dx$

$= -\dfrac{1}{2} \ln \left| \dfrac{2 + \sqrt{4 - x^2}}{x} \right| + C = -\dfrac{1}{2} \ln \left| \dfrac{2 + \sqrt{4 - e^{2t}}}{e^t} \right| + C$

33. $\int \dfrac{x^3}{\sqrt{x^8 - 1}}\, dx$

Formula 18 is $\int \dfrac{1}{\sqrt{x^2 - a^2}}\, dx = \ln \left| x + \sqrt{x^2 - a^2} \right| + C$

Let $u = x^4$ $a = 1$
$du = 4x^3\, dx$

$\int \dfrac{x^3}{\sqrt{x^8 - 1}}\, dx = \int \dfrac{\tfrac{1}{4}\, du}{\sqrt{u^2 - 1}} = \dfrac{1}{4} \ln \left| u + \sqrt{u^2 - 1} \right| + C$

$= \dfrac{1}{4} \ln \left| x^4 + \sqrt{x^8 - 1} \right| + C$

37. $\int \dfrac{e^t}{(e^t - 1)(e^t + 1)}\, dt = \int \dfrac{e^t}{e^{2t} - 1}\, dt$

Formula 15 is $\int \dfrac{1}{x^2 - a^2}\, dx = \dfrac{1}{2a} \ln \left| \dfrac{x - a}{x + a} \right| + C$

Let $x = e^t$ $a = 1$
$dx = e^t\, dt$

$\int \dfrac{e^t}{(e^t - 1)(e^t + 1)} = \int \dfrac{e^t}{e^{2t} - 1}\, dt = \int \dfrac{1}{x^2 - 1}\, dx = \dfrac{1}{2} \ln \left| \dfrac{x - 1}{x + 1} \right| + C$

$= \dfrac{1}{2} \ln \left| \dfrac{e^t - 1}{e^t + 1} \right| + C$

41. $\int \dfrac{1}{e^{-x} + 4}\, dx = \int \dfrac{e^x}{1 + 4e^x}\, dx$

Only a substitution is necessary here: Let $u = e^x$
$du = e^x\, dx$

Chapter 6.2 Integration Techniques And Differential Equations 115

Then $\int \dfrac{1}{e^{-x} + 4} dx = \int \dfrac{e^x}{1 + 4e^x} dx = \int \dfrac{du}{1 + 4u} = \dfrac{1}{4} \ln |1 + 4u| + C$

$\qquad\qquad\qquad\qquad\qquad\qquad\qquad\qquad = \dfrac{1}{4} \ln |1 + 4e^x| + C$

45. $\int_2^3 \dfrac{1}{x^2 - 1} dx$

Formula 15 is $\int \dfrac{1}{x^2 - a^2} dx = \dfrac{1}{2a} \ln \left|\dfrac{x - a}{x + a}\right| + C$; Here $a = 1$

$\int_2^3 \dfrac{1}{x^2 - 1} dx = \dfrac{1}{2} \ln \left|\dfrac{x-1}{x+1}\right| \Big|_2^3 = \dfrac{1}{2} (\ln \dfrac{2}{4} - \ln \dfrac{1}{3})$

$= \dfrac{1}{2} (\ln \dfrac{1}{2} - \ln \dfrac{1}{3}) = \dfrac{1}{2} \ln \left(\dfrac{\frac{1}{2}}{\frac{1}{3}}\right) = \dfrac{1}{2} \ln \dfrac{3}{2}$

49. $\int \dfrac{1}{2x + 6} dx \qquad$ Let $u = 2x + 6$.
$\qquad\qquad\qquad\qquad$ Then $du = 2\, dx$.

$= \dfrac{1}{2} \int \dfrac{du}{u} = \dfrac{1}{2} \ln |u| + C = \dfrac{1}{2} \ln |2x + 6| + C$

53. $\int x\sqrt{1 - x^2}\, dx \qquad$ Let $u = x^2$.
$\qquad\qquad\qquad\qquad\;$ Then $du = 2x\, dx$.

$\int x\sqrt{1 - x^2}\, dx = \int (1 - u)^{\frac{1}{2}} \left(\dfrac{1}{2} du\right) = -\dfrac{1}{2} \int (1 - u)^{\frac{1}{2}} (-du)$

$= -\dfrac{1}{2} \left(\dfrac{2}{3}\right) (1 - u)^{\frac{3}{2}} + C = -\dfrac{1}{3}(1 - u)^{\frac{3}{2}} + C = -\dfrac{1}{3}(1 - x^2)^{\frac{3}{2}} + C$

57. $\int \dfrac{x - 1}{(3x + 1)(x + 1)} dx = \int \dfrac{x}{(3x + 1)(x + 1)} dx - \int \dfrac{1}{(3x + 1)(x + 1)} dx$

Formula 11 is $\int \dfrac{x}{(ax + b)(cx + d)} dx$

$= \dfrac{1}{ad - bc} \left[\dfrac{d}{c} \ln |cx + d| - \dfrac{b}{a} \ln |ax + b|\right] + C$

Here $a = 3$, $b = 1$, $c = 1$, $d = 1$

So, $\int \dfrac{x}{(3x + 1)(x + 1)} dx = \dfrac{1}{3 - 1} (\ln |x + 1| - \dfrac{1}{3} \ln |3x + 1|) + C_1$

$\qquad\qquad\qquad\qquad\qquad\; = \dfrac{1}{2} (\ln |x + 1| - \dfrac{1}{3} \ln |3x + 1|) + C_1$

Formula 10 is $\int \dfrac{1}{(3x + 1)(x + 1)} dx = \dfrac{1}{ad - bc} \ln \left|\dfrac{ax + b}{cx + d}\right| + C$

So, $\int \dfrac{1}{(3x + 1)(x + 1)} dx = \dfrac{1}{3 - 1} \ln \left|\dfrac{3x + 1}{x + 1}\right| + C_2$

Calculus 6.2

and
$$= \frac{1}{2} \ln \left| \frac{3x + 1}{x + 1} \right| + C_2$$

$$\int \frac{x - 1}{(3x + 1)(x + 1)} \, dx = \frac{1}{2} (\ln |x + 1| - \frac{1}{3}\ln |3x + 1|) - \frac{1}{2}\ln \left| \frac{3x + 1}{x + 1} \right| + C$$

$$= \frac{1}{2} \ln |x + 1| - \frac{1}{6} \ln |3x + 1| - \frac{1}{2} \ln |3x + 1| + \frac{1}{2} \ln |x + 1| + C$$

$$= -\frac{2}{3} \ln |3x + 1| + \ln |x + 1| + C = \ln \left| \frac{x + 1}{(3x + 1)^{\frac{2}{3}}} \right| + C$$

61. $\int \frac{x + 1}{x - 1} \, dx = \int \frac{x}{x - 1} \, dx + \int \frac{1}{x - 1} \, dx$

Formula 9 is $\int \frac{x}{ax + b} \, dx = \frac{x}{a} - \frac{b}{a^2} \ln |ax + b| + C$

Here $a = 1$ and $b = -1$, so $\int \frac{x}{ax + b} \, dx = x + \ln |x - 1| + C$

For $\int \frac{1}{x - 1} \, dx$, Let $u = -1$
$du = dx$

$\int \frac{1}{x - 1} \, dx = \int \frac{du}{u} = \ln |u| + C = \ln |x - 1| + C$

So $\int \frac{x + 1}{x - 1} \, dx = x + \ln |x - 1| + \ln |x - 1| + C$

$$= x + 2 \ln |x - 1| + C = x + \ln (x - 1)^2 + C$$

65. $n = 3 \int_{0.1}^{0.3} \frac{1}{q^2 (1 - q)} \, dq$ generations

Formula 12 is $\int \frac{1}{x^2 (ax + b)} \, dx = -\frac{1}{b} (\frac{1}{x} + \frac{a}{b} \ln \left| \frac{x}{ax + b} \right|) + C$

Here $a = -1$ and $b = 1$

So $\int \frac{1}{q^2 (1 - q)} \, dq = -(\frac{1}{q} - \ln \left| \frac{q}{1 - q} \right|) + C$

and $3 \int_{0.1}^{0.3} \frac{1}{q^2 (1 - q)} \, dq = -3(\frac{1}{q} - \ln (\frac{q}{1 - q})) \Big|_{0.1}^{0.3}$

$$= -3 \left[\left(\frac{1}{0.3} - \ln \left[\frac{0.3}{0.7} \right] \right) - \left(\frac{1}{0.1} - \ln \left[\frac{0.1}{0.9} \right] \right) \right]$$
$$\approx 24$$

It takes about 24 generations to increase the frequency of a gene from 0.1 to 0.3.

Exercises 6.3 Improper Integrals

1. $\lim_{x \to \infty} \frac{1}{x^2} = 0$, because $\lim_{x \to \infty} \frac{1}{x^n} = 0$ for $n > 0$.

Chapter 6.2 Integration Techniques And Differential Equations

5. $\lim\limits_{x \to \infty} (2 - e^{\frac{x}{2}})$ does not exist, because $\lim\limits_{x \to \infty} e^{ax}$ does not exist if $a > 0$; in this case, $a = \frac{1}{2}$.

9. $\int_1^\infty \frac{1}{x^3} dx = \lim\limits_{b \to \infty} \int_1^b \frac{1}{x^3} dx = \lim\limits_{b \to \infty} -\frac{1}{2} x^{-2} \Big|_1^b = \lim\limits_{b \to \infty} -\frac{1}{2}(\frac{1}{b^2} - \frac{1}{1})$

$$= -\frac{1}{2}(0 - 1) = \frac{1}{2}$$

13. $\int_2^\infty \frac{1}{x} dx = \lim\limits_{b \to \infty} \int_2^b \frac{1}{x} dx = \lim\limits_{b \to \infty} \ln x \Big|_2^b$

$\lim\limits_{b \to \infty} \ln x$ does not exist, so the integral is divergent.

17. $\int_4^\infty e^{-\frac{x}{2}} dx = \lim\limits_{b \to \infty} \int_4^b e^{-\frac{x}{2}} dx = \lim\limits_{b \to \infty} -2e^{-\frac{x}{2}} \Big|_4^b$

$= \lim\limits_{b \to \infty} -2(\frac{1}{e^{\frac{b}{2}}} - \frac{1}{e^{\frac{4}{2}}}) = -2(0 - \frac{1}{e^2}) = \frac{2}{e^2}$

21. $\int_0^\infty e^{0.05t} dt = \lim\limits_{b \to \infty} \int_0^b e^{0.05t} dt = \lim\limits_{b \to \infty} 20e^{0.05t} \Big|_0^b = \lim\limits_{b \to \infty} 20(e^{0.05b} - 1)$

$\lim\limits_{b \to \infty} e^{0.05b}$ does not exist, so the integral is divergent.

25. $\int_5^\infty \frac{1}{(x-4)^3} dx = \lim\limits_{b \to \infty} \int_5^b \frac{1}{(x-4)^3} dx = \lim\limits_{b \to \infty} -\frac{1}{2}(x-4)^{-2} \Big|_5^b$

$= \lim\limits_{b \to \infty} -\frac{1}{2}\left[\frac{1}{(b-4)^2} - \frac{1}{(5-4)^2}\right] = -\frac{1}{2}(0 - 1) = \frac{1}{2}$

29. $\int_0^\infty x^2 e^{-x^3} dx = \lim\limits_{b \to \infty} \int_0^b x^2 e^{-x^3} dx$ Let $u = -x^3$
 $du = -3x^2 dx$

Then $\int x^2 e^{-x^3} dx = \int -\frac{1}{3} e^u du = -\frac{1}{3} e^u + C = -\frac{1}{3} e^{-x^3} + C$

and $\lim\limits_{b \to \infty} \int_0^b x^2 e^{-x^3} dx = \lim\limits_{b \to \infty} -\frac{1}{3} e^{-x^3} \Big|_0^b = \lim\limits_{b \to \infty} -\frac{1}{3}(\frac{1}{e^{b^3}} - \frac{1}{e^0})$

$$= -\frac{1}{3}(0 - 1) = \frac{1}{3}$$

33. $\int_{-\infty}^1 \frac{1}{2-x} dx = \lim\limits_{a \to -\infty} \int_a^1 \frac{1}{2-x} dx$ Let $u = 2 - x$
 $du = -dx;$

Then $\int \frac{1}{2-x} dx = \int -\frac{du}{u} = -\ln|u| + C = -\ln|2-x| + C$

$\lim_{a \to -\infty} \int_a^1 \frac{1}{2-x} dx = \lim_{a \to -\infty} -\ln|2-x| \Big|_a^1 = \lim_{a \to -\infty} -(\ln 1 - \ln|2-a|)$

$\lim_{a \to -\infty} \ln|2-a|$ does not exist, so the integral is divergent.

37. $\int_{-\infty}^{\infty} \frac{e^x}{1+e^x} dx = \lim_{a \to -\infty} \int_a^0 \frac{e^x}{1+e^x} dx + \lim_{b \to \infty} \int_0^b \frac{e^x}{1+e^x} dx$

To evaluate the integral, let $u = 1 + e^x$

$du = e^x dx$

Then $\int \frac{e^x}{1+e^x} dx = \int \frac{du}{u} = \ln|u| + C = \ln(1+e^x) + C$

$\lim_{a \to -\infty} \int_a^0 \frac{e^x}{1+e^x} dx = \lim_{a \to -\infty} \ln(1+e^x) \Big|_a^0 = \lim_{a \to -\infty} \left[\ln 2 - \ln(1+e^a)\right]$
$= \ln 2 - \ln 1 = \ln 2$

$\lim_{b \to \infty} \int_a^b \frac{e^x}{1+e^x} dx = \lim_{b \to \infty} \ln(1+e^x) \Big|_0^b = \lim_{b \to \infty} [(1+e^b) - \ln(1+e^0)]$

$\lim_{b \to \infty} \ln(1+e^b)$ does not exist, so $\int_0^{\infty} \frac{e^x}{1+e^x} dx$ and $\int_{-\infty}^{\infty} \frac{e^x}{1+e^x} dx$
are divergent.

41. **(a)** The size of the permanent endowment needed to generate an annual $1000 forever at 10% interest is:

$\int_0^{\infty} 1000 e^{-0.1t} dt$, since $r = 10\% = 0.1$

$\lim_{b \to \infty} \int_0^b 1000 e^{-0.1t} dt = \lim_{b \to \infty} -10{,}000 e^{-0.1t} \Big|_0^b$

$\lim_{b \to \infty} -10{,}000 \left(\frac{1}{e^{0.1b}} - \frac{1}{e^0}\right) = -10{,}000(0-1) = \$10{,}000$.

(b) $\int_0^{100} 1000 e^{-0.1t} dt = -10{,}000 e^{-0.1t} \Big|_0^{100}$

$= -10{,}000 \left(\frac{1}{e^{10}} - \frac{1}{e^0}\right) \approx \$9999.55$.

The fund needed to provide an endowment for 100 years is practically the same as one needed to provide an endowment forever.

45. The area under the curve $y = \dfrac{1}{x^{\frac{3}{2}}}$ from $x = 1$ to ∞ (above the x-axis) is:

$$\int_{1}^{\infty} \dfrac{1}{x^{\frac{3}{2}}} dx = \lim_{b \to \infty} \int_{1}^{b} x^{-\frac{3}{2}} dx$$

$$= \lim_{b \to \infty} \dfrac{x^{-\frac{1}{2}}}{-\frac{1}{2}} \Big|_{1}^{b} = \lim_{b \to \infty} -2x^{-\frac{1}{2}} \Big|_{1}^{b}$$

$$= \lim_{b \to \infty} -2(\dfrac{1}{b^{\frac{1}{2}}} - 1)$$

$$= -2(0 - 1) = 2 \text{ square units}$$

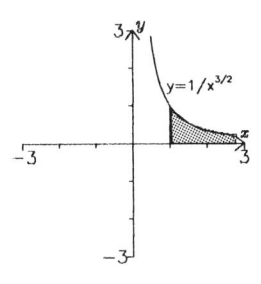

49. The proportion of rats who needed more than 10 seconds to reach the end of the maze is:

$$\int_{10}^{\infty} 0.05e^{-0.05s} ds = \lim_{b \to \infty} \int_{10}^{b} 0.05e^{-0.05s} ds = \lim_{b \to \infty} -e^{-0.05s} \Big|_{10}^{b}$$

$$= \lim_{b \to \infty} -(\dfrac{1}{e^{0.05b}} - \dfrac{1}{e^{-0.5}}) - (0 - \dfrac{1}{e^{0.5}})$$

$$\approx 0.606 = 60.6\%$$

53. The total number of books sold is:

$$\int_{0}^{\infty} 16{,}000e^{-0.8t} dt = \lim_{b \to \infty} \int_{0}^{b} 16{,}000e^{-.08t} dt$$

$$= \lim_{b \to \infty} \dfrac{16{,}000}{-0.8} e^{-0.8t} \Big|_{0}^{b}$$

$$= \lim_{b \to \infty} -20{,}000(\dfrac{1}{e^{0.8b}} - \dfrac{1}{e^{0}})$$

$$= -20{,}000(0 - 1) = 20{,}000 \text{ books}$$

Exercises 6.4 Numerical Integration

1. $\int_{1}^{3} x^2 dx$

  (a) $n = 4$ trapezoids, so $\Delta x = \dfrac{b - a}{n} = \dfrac{3 - 1}{4} = \dfrac{1}{2} = 0.5$

x	$f(x) = x^2$
1	1 → 0.5
1.5	2.25
2	4
2.5	6.25
3	9 → 4.5

adding, $0.5 + 2.25 + 4 + 6.25 + 4.5 = 17.5$

and $\int_1^3 x^2 \, dx \approx 17.5(\Delta x) = 17.5(0.5) = 8.75$

(b) $\int_1^3 x^2 \, dx = \frac{1}{3} x^3 \Big|_1^3 = \frac{1}{3}(27 - 1) = \frac{26}{3} \approx 8.667$

(c) The actual error is $\left| 8.75 - \frac{26}{3} \right| \approx 0.083$

(d) The relative error is $\dfrac{0.083}{\frac{26}{3}} (100) \approx 0.962\% \approx 1\%$

5. $\int_0^1 \sqrt{1 + x^2} \, dx; \; n = 3$

$\Delta x = \dfrac{b - a}{n} = \dfrac{1 - 0}{3} = \dfrac{1}{3}$

x	$f(x) = \sqrt{1 + x^2}$
0	1 $\to$ 0.5
$\frac{1}{3}$	1.054
$\frac{2}{3}$	1.202
1	1.414 $\to$ 0.707

adding, $0.5 + 1.054 + 1.202 + 0.707 = 3.463$

and $\int_0^1 \sqrt{1 + x^2} \, dx \approx 3.463\left(\frac{1}{3}\right) \approx 1.154$

9. $\int_1^2 \sqrt{\ln x} \, dx; \; n = 3$

$\Delta x = \dfrac{b - a}{n} = \dfrac{2 - 1}{3} = \dfrac{1}{3}$

x	$f(x) = \sqrt{\ln x}$
1	0 $\to$ 0
$\frac{4}{3}$	0.536
$\frac{5}{3}$	0.715
2	0.832 $\to$ 0.416

adding, $0 + 0536 + 0.715 + 0.416 = 1.667$

$\int_1^2 \sqrt{\ln x} \, dx \approx 1.667\left(\frac{1}{3}\right) = 0.556$

Chapter 6.4 Integration Techniques And Differential Equations

13. The proportion of people in the U.S. with IQ's between A and B is:

$$\int_{\frac{A-100}{15}}^{\frac{B-100}{15}} 0.4e^{-\frac{1}{2}x^2}\, dx; \text{ here } A = 100 \text{ and } B = 130$$

$$\int_{\frac{100-100}{15}}^{\frac{130-100}{15}} 0.4e^{-\frac{1}{2}x^2}\, dx = \int_0^2 0.4e^{-\frac{1}{2}x^2}\, dx$$

Taking $n = 4$, $\Delta x = \dfrac{2-0}{4} = \dfrac{1}{2}$

x	$f(x) = 0.4e^{-\frac{1}{2}x^2}$
0	0.4 → 0.2
0.5	0.353
1.0	0.243
1.5	0.130
2.0	0.054 → 0.027

Adding, $0.2 + 0.353 + 0.243 + 0.130 + 0.027 = 0.953$
Thus, the proportion of people with IQ's between 100 and 130 is about $0.953(\frac{1}{2}) \approx 0.476 \approx 47.6\%$.

17. $\int_1^3 x^2\, dx$; $n = 4$

$\Delta x = \dfrac{3-1}{4} = \dfrac{1}{2}$

x	$f(x) = x^2$	weight	$f(x) \cdot$ weight
1	1	1	1
1.5	2.25	4	9
2.0	4.0	2	8
2.5	6.25	4	25
3.0	9.0	1	9
			52

$\int_1^3 x^2\, dx \approx 52(\frac{\Delta x}{3}) \approx 52(\frac{1}{6}) \approx \frac{26}{3} \approx 8.667$

Simpson's rule is exact for quadratics; the answer obtained in problem 1 using 4 trapezoids had about a 1% error.

21. $\int_0^1 \sqrt{1+x^2}\, dx$; $n = 4$

$\Delta x = \dfrac{1-0}{4} = \dfrac{1}{4}$

x	$f(x) = \sqrt{1+x^2}$	weight	$f(x) \cdot$ weight
0	1	1	1
0.25	1.031	4	4.123
0.50	1.118	2	2.236
0.75	1.250	4	5.0
1.0	1.414	1	1.414
			13.773

122   Calculus 6.4

$$\int_0^1 \sqrt{1+x^2}\,dx \approx 13.773\left(\frac{\Delta x}{3}\right) = 13.773\left(\frac{1}{12}\right) = 1.148$$

The exact integral is $\left[\frac{1}{2}x\sqrt{1+x^2} + \frac{1}{2}\ln(\sqrt{1+x^2}+x)\right]\Big|_0^1$

$$= \frac{1}{2}\sqrt{2} + \frac{1}{2}\ln(\sqrt{2}+1) \approx 1.148.$$

25. $\int_1^2 \sqrt{\ln x}\,dx;\ n = 4$

$\Delta x = \dfrac{2-1}{4} = \dfrac{1}{4}$

x	$f(x) = \sqrt{\ln x}$	weight	$f(x)\cdot$ weight
1	0	1	0
1.25	0.472	4	1.890
1.50	0.637	2	1.274
1.75	0.748	4	2.992
2.0	0.832	1	0.832
			6.988

$$\int_1^2 \sqrt{\ln x}\,dx \approx 6.988\left(\frac{\Delta x}{3}\right) = 6.998\left(\frac{1}{12}\right) = 0.582$$

29. The length of the cable is:

$$\int_{-400}^{400} \sqrt{1 + \left(\frac{x}{1000}\right)^2}\,dx;\ \text{take } n = 4.$$

$\Delta x = \dfrac{400 - (-400)}{4} = 200$

x	$f(x) = \sqrt{1 + (x/1000)^2}$	weight	$f(x)\cdot$ weight
-400	1.077	1	1.077
-200	1.020	4	4.079
0	1	2	2.0
200	1.020	4	4.079
400	1.077	1	1.077
			12.312

The length of the cable is about $(12.312)\left(\frac{\Delta x}{3}\right) = (12.312)\left(\frac{200}{3}\right)$

≈ 821 feet.

Exercises 6.5 Differential Equations

1. If $y = e^{2x} - 3e^x + 2$, then $y' = 2e^{2x} - 3e^x$, and $y'' = 4e^{2x} - 3e^x$.

$y'' - 3y' + 2y = (4e^{2x} - 3e^x) - 3(2e^{2x} - 3e^x) + 2(e^{2x} - 3e^x + 2)$

$\quad = 4e^{2x} - 3e^x - 6e^{2x} + 9e^x + 2e^{2x} - 6e^x + 4 = 4$

So $y = e^{2x} - 3e^x + 2$ satisfies the differential equation $y'' - 3y' + 2y = 4$.

Chapter 6.4 Integration Techniques And Differential Equations

5. $y^2 y' = 4x$

$y^2 \dfrac{dy}{dx} = 4x$

$y^2 \, dy = 4x \, dx$

$\int y^2 \, dy = \int 4x \, dx$

$\dfrac{1}{3} y^3 = 2x^2 + C_1$

$y^3 = 6x^2 + C$

$y = (6x^2 + C)^{\frac{1}{3}}$

9. $y' = \dfrac{y}{x}$

$\dfrac{dy}{dx} = \dfrac{y}{x}$

$\dfrac{dy}{y} = \dfrac{dx}{x};\ \int \dfrac{dy}{y} = \int \dfrac{dx}{x}$

$\ln y = \ln x + C$

$e^{\ln y} = y = e^{(\ln x + C)} = e^{\ln x} e^C = kx,\ k$ constant.

$y = kx$ is the general solution. To check, $y' = k = \dfrac{kx}{x} = \dfrac{y}{x}$.

13. $y' = 9x^2$

$\dfrac{dy}{dx} = 9x^2$

$dy = 9x^2 \, dx;\ \int dy = \int 9x^2$

$y = 3x^3 + C$

21. $y' = 2\sqrt{y}$

$\dfrac{dy}{dx} = 2y^{\frac{1}{2}}$

$y^{-\frac{1}{2}} \, dy = 2 \, dx;\ \int y^{-\frac{1}{2}} \, dy = \int 2 \, dx$

$2y^{\frac{1}{2}} = 2x + 2C$

$y^{\frac{1}{2}} = x + C$

$y = (x + C)^2$

17. $y' = x^2 y$

$\dfrac{dy}{dx} = x^2 y$

$\dfrac{dy}{y} = x^2 \, dx$

$\int \dfrac{dy}{y} = \int x^2 \, dx$

$\ln y = \dfrac{1}{3} x^3 + C$

$y = e^{(\frac{1}{3} x^3 + C)} = e^{\frac{1}{3} x^3} e^C = k e^{\frac{1}{3} x^3}$

$y = k e^{\frac{1}{3} x^3}$

124 Calculus 6.5

25.
$$y' = ye^x - e^x$$
$$\frac{dy}{dx} = e^x(y-1)$$
$$\frac{dy}{y-1} = e^x\, dx; \quad \int \frac{dy}{y-1} = \int e^x\, dx$$
$$\ln|y-1| = e^x + C$$
$$y - 1 = e^{(e^x+C)} = e^{e^x}e^C = ke^{e^x}$$
$$y = ke^{e^x} + 1$$

29.
$$y' = ay + b$$
$$\frac{dy}{dx} = ay + b$$
$$\frac{dy}{ay+b} = dx$$
$$\frac{1}{a}\int \frac{a\,dy}{ay+b} = \int dx$$
$$\int \frac{a\,dy}{ay+b} = \int a\, dx$$
$$\ln(ay+b) = ax + C$$
$$ay + b = e^{(ax+C)} = e^{ax}e^C = k_1 e^{ax}$$
$$y = \frac{k_1 e^{ax} - b}{a} = ke^{ax} - \frac{b}{a}, \text{ since } k \text{ is arbitrary.}$$

33. $y' = xy;\ y(0) = -1$
$$\frac{dy}{dx} = xy$$
$$\frac{dy}{y} = x\, dx; \quad \int \frac{dy}{y} = \int x\, dx$$
$$\ln y = \frac{1}{2}x^2 + C$$
$$y = e^{(\frac{x^2}{2}+C)} = e^{\frac{x^2}{2}}e^C = ke^{\frac{x^2}{2}}$$

If $y(0) = -1$, then $-1 = ke^0$; $k = -1$

So the solution is $y = -e^{\frac{x^2}{2}}$.

To check: $y' = -\frac{1}{2}(2x)e^{\frac{x^2}{2}} = -xe^{\frac{x^2}{2}} = x(-e^{\frac{x^2}{2}}) = xy$

Also $y(0) = -e^0 = -1$.

Chapter 6.5 Integration Techniques And Differential Equations

37. $y' = \dfrac{y}{x}$; $y(1) = 3$

$\dfrac{dy}{dx} = \dfrac{y}{x}$

$\dfrac{dy}{y} = \dfrac{dx}{x}$; $\displaystyle\int \dfrac{dy}{y} = \int \dfrac{dx}{x}$

$\ln y = \ln x + C$

$y = e^{(\ln x + C)} = e^{\ln x} e^C = kx$

If $y(1) = 3$, then $3 = 1k$; $k = 3$.

The solution is $y = 3x$.

To check: $y' = 3 = \dfrac{3x}{x} = \dfrac{y}{x}$. Also $y(1) = 3(1) = 3$.

41. $y' = y^2 e^x + y^2$; $y(0) = 1$

$\dfrac{dy}{dx} = y^2(e^x + 1)$

$y^{-2}\, dy = (e^x + 1)\, dx$

$\displaystyle\int y^{-2}\, dy = \int (e^x + 1)\, dx$

$-\dfrac{1}{y} = e^x + x + C$

$y = \dfrac{-1}{e^x + x + C}$

If $y(0) = 1$, then $1 = \dfrac{-1}{e^0 + 0 + C} = \dfrac{-1}{1 + C}$

$C + 1 = -1$; $C = -2$

So the solution is $y = \dfrac{-1}{e^x + x - 2} = \dfrac{1}{2 - e^x - x}$

45. The elasticity $\dfrac{-pD'}{D} = k$; D is a function of p.

$\dfrac{-p\, \frac{dD}{dp}}{D} = k$

$\dfrac{dD}{D} = \dfrac{-k\, dp}{p}$; $\displaystyle\int \dfrac{dD}{D} = -k \int \dfrac{dp}{p}$

$\ln D = -k \ln p + C_1$

$D = e^{(-k \ln p + C_1)} = e^{-k \ln p} e^{C_1} = Cp^{-k}$

$D = Cp^{-k}$ (for any constant C)

49. **(a)**
$$y' = -0.32(y - 70); \quad y(0) = 98.6$$
$$\frac{dy}{dt} = -.032(y - 70)$$
$$\frac{dy}{y - 70} = -.032 \, dt$$
$$\ln(y - 70) = -0.32t + C$$
$$y - 70 = e^{(-0.32t+C)} = ke^{-0.32t}$$
$$y = ke^{-0.32t} + 70$$
If $y(0) = 98.6$, then $98.6 = k + 70$
$$k = 28.6$$
So $y = (28.6e^{-0.32t} + 70)$ degrees t hours after the murder.

(b) If the temperature of the body is 80 degrees at t hours, then
$$80 = 28.6e^{-0.32t} + 70$$
$$e^{-0.32t} = \frac{10}{28.6}$$
$$t = \frac{\ln(\frac{10}{28.6})}{-0.32} \approx 3.28 \text{ hours since the murder.}$$

53. **(a)** Your bank balance is increasing by $3000 dollars each year, through deposits, as well as by earning 10% continuously compounded interest. Therefore, if y(t) is the balance in thousands of dollars after t years, then
$$y' = 3 + 0.1y$$
If you now have $6000, then the boundary condition is
$$y(0) = 6.$$

(b)
$$\frac{dy}{dt} = 3 + 0.1y$$
$$\frac{dy}{3 + 0.1y} = dt$$
$$\frac{0.1y}{3 + 0.1y} = 0.1 \, dt$$
$$\ln(3 + 0.1y) = 0.1t + C$$
$$3 + 0.1y = e^{(0.1t+C)} = ke^{0.1t}$$
$$y = 10(ke^{0.1t} - 3) = be^{0.1t} - 30$$
If $y(0) = 6$, then $6 = b - 30$; $b = 36$
So after t years, you have $(36^{0.1t} - 30)$ thousand dollars.

Chapter 6.6 Integration Techniques And Differential Equations

Exercise 6.6 Further Applications Of Differential Equations: The Laws Of Growth

1. If $y(t) = ce^{at}$, then $y' = ace^{at} = a(ce^{at}) = ay$.
    Also $y(0) = ce^0 = c$. So the solution of $y' = ay$ with $y(0) = c$ is $y = ce^{at}$.

5. $y' = 30(0.5 - y)$.
    This is of the form $y' = a(M - y)$, with $a = 30$ and $M = 0.5$.
    Therefore this is an equation of limited growth.

9. $y' = y(6 - y)$.
    This is of the form $y' = ay(M - y)$, with $a = 1$ and $M = 6$.
    Therefore this is an equation of logistic growth.

13. The value of the stamp collection increases without limit by 8% per year. Therefore the appropriate equation is $y' = 0.08y$, where y is the value of the collection. $y(0) = 1500$, so the solution of the equation is
    $y = 1500e^{0.08t}$, this is the value of the collection after t years.

17. If the rate of contributions is proportional to the distance from the goal, then an equation of limited growth is needed: $y' = a(M - y)$, where y is the number af dollars raised. Here $M = 5000$, $y(0) = 0$, $y(1) = 1000$, and $y' = a(500 - y)$. The solution of the equation is $y = M(1 - e^{-at})$
    $= 5000(1 - e^{-at})$. At $t = 1$, $100 = 500(1 - e^{-a})$.
    $$1 - e^{-a} = \frac{1}{5}$$
    $$e^{-a} = \frac{4}{5}$$
    $$a = -\ln\left(\frac{4}{5}\right) \approx 0.223$$
    So the amount y raised in t weeks is $5000(1 - e^{-0.223t})$.
    i.e. $y = 5000(1 - e^{-.223t})$
    When $y = 4000$, $1 - e^{-0.223t} = \frac{4}{5}$
    $$e^{-0.223t} = \frac{1}{5}$$
    $$t = \frac{\ln\left(\frac{1}{5}\right)}{-0.223} \approx 7.21$$
    It takes about 7.21 weeks to raise $4000.

21. The rate of spread of the rumor is proportional both to the number of people who have heard it and the number who haven't. So this is an example of logistic growth, $y = ay(M - y)$, where y is the number of people who have heard the rumor. Here one person starts the rumor, so $y(0) = 1$; also, $y(10) = 200$, and $M = 800$. So $y' = ay(800 - y)$. The solution is

$$y = \frac{M}{1 + Ce^{-aMt}} = \frac{800}{1 + Ce^{-800at}} = \frac{800}{1 + Cb^t}.$$ At $t = 0$, $1 = \frac{800}{1 + C}$
$$C = 799$$

So $y = \frac{800}{1 + 799e^{bt}}$. At $t = 10$, $200 = \frac{800}{1 + 799e^{10b}}$

$$799e^{10b} = \left(\frac{800}{200}\right) - 1 = 3$$

$$b = \frac{\ln\left(\frac{3}{799}\right)}{10} \approx -0.558$$

So the number of people y who have heard the rumor after t minutes is $\frac{800}{1 + 799e^{-0.558t}}$.

After 15 minutes, $y = \frac{800}{1 + 799e^{-0.558(15)}} \approx 676$ people.

25. The equation given, $y' = -0.15y$, is an example of unlimited growth since $y(0) = 5$, the solution is $y = 5e^{-0.15t}$. After 2 hours, $y = 5e^{-0.3} \approx 3.70$ units of the drug remain in the blood.

29. $y' = \frac{ay}{x}$; y must be a function of x.

$$\frac{dy}{dx} = \frac{ay}{x}$$

$$\frac{dy}{y} = a\frac{dx}{x}$$

$$\ln y = a \ln x + C = \ln x^a + C$$

$$y = e^{(\ln x^a + C)} = x^a e^C = kx^a$$

Exercise 6.7 Review Of Chapter Six

1. $\int xe^{2x} \, dx$ Let $u = x$ and $dv = e^{2x} \, dx$.

                                    Then $du = dx$ and $v = \frac{1}{2}e^{2x} \, dx$.

        Therefore, $\int xe^{2x} \, dx = \frac{1}{2} xe^{2x} - \int \frac{1}{2} e^{2x} \, dx$

$$= \frac{1}{2} xe^{2x} - \frac{1}{4} e^{2x} + C$$

Chapter 6.6 Integration Techniques And Differential Equations

5. $\int (x-2)(x+1)^5 \, dx$ Let $u = x - 2$ and $dv = (x + 1)^5$.
                                Then $du = dx$ and $v = \frac{1}{6}(x+1)^6$.

Therefore, $\int (x-2)(x+1)^5 \, dx = \frac{1}{6}(x-2)(x+1)^6 - \int \frac{1}{6}(x+1)^6 \, dx$

$ = \frac{1}{6}(x-2)(x+1)^6 - \frac{1}{6}(\frac{1}{7})(x+1)^7 + C$

$ = \frac{1}{6}(x-2)(x+1)^6 - \frac{1}{42}(x+1)^7 + C$

9. $\int x^2 e^x \, dx$ Let $u = x^2$ and $dv = e^x \, dx$.
                     Then $du = 2x \, dx$ and $v = e^x$.

Therefore, $\int x^2 e^x \, dx = x^2 e^x - \int 2xe^x \, dx$ Let $u = 2x$ $dv = e^x dx$

$ = x^2 e^x - (2xe^x - \int 2e^x \, dx)$ $du = 2 \, dx$ $v = e^x$

$ = x^2 e^x - 2xe^x + 2e^x + C$

13. $\int_0^5 xe^x \, dx$ Let $u = x$ and $dv = e^x \, dx$.
                    Then $du = dx$ and $v = e^x$.

Therefore, $\int xe^x \, dx = xe^x - \int e^x \, dx = xe^x - e^x + C$

and $\int_0^5 xe^x \, dx = (xe^x - e^x)\Big|_0^5 = (5e^5 - e^5) - (0 - e^0) = 4e^5 + 1$

17. $\int x^3 \ln 2x \, dx$ Let $u = \ln 2x$ and $dv = x^3 \, dx$.
                         Then $du = \frac{2 \, dx}{2x}$ and $v = \frac{1}{4}x^4$.
                               $= \frac{dx}{x}$

Therefore. $\int x^3 \ln 2x \, dx = \frac{1}{4}x^4 \ln 2x - \int \frac{1}{4}x^4 (\frac{dx}{x})$

$ = \frac{1}{4}x^4 \ln 2x - \frac{1}{4}\int x^3 \, dx$

$ = \frac{1}{4}x^4 \ln 2x - \frac{1}{16}x^4 + C$

$ = \frac{1}{4}x^4 (\ln 2x - \frac{1}{4}) + C$

21. $\int \frac{e^{\sqrt{x}}}{\sqrt{x}} \, dx$ Let $u = \sqrt{x}$
                 $du = \frac{dx}{2\sqrt{x}}$

Then $\int \frac{e^{\sqrt{x}}}{\sqrt{x}} \, dx = \int e^u \, 2 \, du = 2e^u + C = 2e^{\sqrt{x}} + C$

130 Calculus 6.7

25. $\int \dfrac{1}{25 - x^2}\, dx$

Formula 16 is $\int \dfrac{1}{a^2 - x^2}\, dx = \dfrac{1}{2a} \ln \left|\dfrac{a + x}{a - x}\right| + C$

Here $a = 5$, so $\int \dfrac{1}{25 - x^2}\, dx = \dfrac{1}{10} \ln \left|\dfrac{5 + x}{5 - x}\right| + C$

29. $\int \dfrac{1}{x\sqrt{x + 1}}\, dx$

Formula 14 is $\int \dfrac{1}{x\sqrt{ax + b}}\, dx = \dfrac{1}{\sqrt{b}} \ln \left|\dfrac{\sqrt{ax + b} - \sqrt{b}}{\sqrt{ax + b} + \sqrt{b}}\right| + C,\ b > 0$

Here $b = 1 > 0$, so $\int \dfrac{1}{x\sqrt{x + 1}}\, dx = \ln \left|\dfrac{\sqrt{x + 1} - 1}{\sqrt{x + 1} + 1}\right| + C$

33. $\int \dfrac{z^3}{\sqrt{z^2 + 1}}\, dz$

If we let $x = z^2$, we can use Formula B:

$\int \dfrac{x}{\sqrt{ax + b}}\, dx = \dfrac{2ax - 4b}{3a^2} \sqrt{ax + b} + C = \dfrac{2}{3a^2}(ax - 2b)\sqrt{ax + b} + C$

$x = z^2$

$dx = 2z\, dz;\ dz = \dfrac{dx}{2z} = \dfrac{dx}{2\sqrt{x}}$. Also $z^3 = x^{\frac{3}{2}}$

So $\int \dfrac{z^3}{\sqrt{z^2 + 1}}\, dz = \int \dfrac{x^{\frac{3}{2}}\left(\dfrac{dx}{2x^{\frac{1}{2}}}\right)}{\sqrt{x + 1}} = \dfrac{1}{2}\int \dfrac{x\, dx}{\sqrt{x + 1}}$

and $\dfrac{1}{2}\int \dfrac{x\, dx}{\sqrt{x + 1}}$ is of form $\dfrac{1}{2}\int \dfrac{x\, dx}{\sqrt{ax + b}}$, with $a = b = 1$

So $\dfrac{1}{2}\int \dfrac{x\, dx}{\sqrt{x + 1}} = \dfrac{1}{2}\left(\dfrac{2}{3}\right)(x - 2)\sqrt{x + 1} + C$

$= \dfrac{1}{3}(x - 2)\sqrt{x + 1} + C$

$= \dfrac{1}{3}(z^2 - 2)\sqrt{z^2 + 1} + C$

37. The company's cost function $C(x)$ is the integral of the marginal cost function: $MC(x) = \dfrac{1}{(2x + 1)(x + 1)}$

$C(x) = \int \dfrac{1}{(2x + 1)(x + 1)}\, dx$

Formula 10 is $\int \dfrac{1}{(ax + b)(cx + d)}\, dx = \dfrac{1}{ad - bc} \ln \left|\dfrac{ax + b}{cx + d}\right| + C$

Chapter 6.7 Integration Techniques And Differential Equations 131

Here a = 2 and b = c = d = 1, so,

$$C(x) = \int \frac{1}{(2x+1)(x+1)} dx = \frac{1}{2-1} \ln \left| \frac{2x+1}{x+1} \right| + C$$

$$= \ln \left| \frac{2x+1}{x+1} \right| + C$$

Fixed costs are 1000; that is, C(x) = 1000 when x = 0.

So $1000 = \ln \left| \frac{0+1}{0+1} \right| + C = C$

The company's cost function is then $C(x) = \ln \left| \frac{2x+1}{x+1} \right| + 1000$.

41. $\int_1^\infty \frac{1}{\sqrt[5]{x}} dx = \int_1^\infty x^{-\frac{1}{5}} dx = \lim_{b \to \infty} \int_1^b x^{-\frac{1}{5}} dx = \lim_{b \to \infty} \frac{5}{4} x^{\frac{4}{5}} \Big|_1^b = \lim_{b \to \infty} \frac{5}{4}(b^{\frac{4}{5}} - 1)$

$\lim_{b \to \infty} \frac{5}{4} b^{\frac{4}{5}}$ does not exist, so the integral is divergent.

45. $\int_0^\infty e^{2x} dx = \lim_{b \to \infty} \int_0^b e^{2x} dx = \lim_{b \to \infty} \frac{1}{2} e^{2x} \Big|_0^b = \lim_{b \to \infty} \frac{1}{2}(e^{2b} - 1)$

$\lim_{b \to \infty} \frac{1}{2} e^{2b}$ does not exist, so the integral is divergent.

49. $\int_0^\infty \frac{x^3}{(x^4+1)^2} dx = \lim_{b \to \infty} \int_0^b \frac{x^3}{(x^4+1)^2} dx = \lim_{b \to \infty} \frac{1}{4} \int \frac{4x^3}{(x^4+1)^2} dx$

$= \lim_{b \to \infty} -\frac{1}{4}(x^4+1)^{-1} \Big|_0^b = \lim_{b \to \infty} -\frac{1}{4}\left(\frac{1}{b^4+1} - \frac{1}{0+1}\right)$

$= -\frac{1}{4}(0-1) = \frac{1}{4}$

53. $\int_{-\infty}^4 \frac{1}{(5-x)^2} dx = \lim_{a \to -\infty} \int_a^4 \frac{1}{(5-x)^2} dx = \lim_{a \to -\infty} (5-x)^{-1} \Big|_a^4$

$= \lim_{a \to -\infty} \left(\frac{1}{5-4} - \frac{1}{5-a}\right) = 1 - 0 = 1$

57. The permanent endowment needed to generate an annual $6000 forever at 10% continuously compounded interest is

$$\int_0^\infty 6000 e^{-rt} dt = \int_0^\infty 6000 e^{-0.1t} dt = \lim_{b \to \infty} \int_0^b 6000 e^{-0.1t} dt$$

$$= \lim_{b \to \infty} -10(6000) e^{-0.1t} \Big|_0^b = \lim_{b \to \infty} -60,000 \left(\frac{1}{e^{0.1b}} - \frac{1}{e^0}\right)$$

$$= -60,000(0 - 1) = \$60,000.$$

132   Calculus 6.7

61. $\int_0^1 \sqrt{1 + x^4}\ dx;\quad n = 3$

$\Delta x = \dfrac{1 - 0}{3} = \dfrac{1}{3}$

x	$f(x) = \sqrt{1 + x^4}$
0	1 → 0.5
$\dfrac{1}{3}$	1.006
$\dfrac{2}{3}$	1.094
1	1.414 → 0.707

adding, $0.5 + 1.006 + 1.094 + 0.707 = 3.307$

and $\int_0^1 \sqrt{1 + x^4}\ dx \approx 3.307(\Delta x) = (3.307)(\dfrac{1}{3}) = 1.102$

65. $\int_{-1}^1 \ln(1 + x^2)\ dx;\quad n = 4$

$\Delta x = \dfrac{1 - (-1)}{4} = \dfrac{1}{2}$

x	$f(x) = \ln(1 + x^2)$
-1	0.693 → 0.346
-0.5	0.223
0	0
0.5	0.223
1	0.693 → 0.346

adding, $2(0.346) + 2(0.223) = 1.139$

and $\int_{-1}^1 \ln(1 + x^2)\ dx \approx 1.139(\Delta x) = 1.139(\dfrac{1}{2}) = 0.570$

69. $\int_0^1 e^{\frac{1}{2}x^2}\ dx;\quad n = 4$

$\Delta x = \dfrac{1 - 0}{4} = \dfrac{1}{4}$

x	$f(x) = e^{\frac{1}{2}x^2}$	weight	$f(x) \cdot$ weight
0	1	1	1
0.25	1.0317	4	4.1270
0.50	1.1331	2	2.2663
0.75	1.3248	4	5.2991
1	1.6487	1	1.6487

adding, $1 + 4.1270 + 2.2663 + 5.2991 + 1.6487 = 14.3411$

and $\int_0^1 e^{\frac{1}{2}x^2}\ dx \approx 14.3411(\dfrac{\Delta x}{3}) = 14.3411(\dfrac{1}{12}) = 1.1951$

73. (a) $\int_1^\infty \dfrac{1}{x^2 + 1}\ dx;\qquad$ Let $x = \dfrac{1}{t} = t^{-1}$

$\qquad\qquad\qquad\qquad\qquad dx = -t^{-2}\ dt$
$\qquad\qquad\qquad\qquad$ when $x = 1,\ t = 1$
$\qquad\qquad\qquad\qquad$ when $x \to \infty,\ t \to 0$.

So $\int_1^\infty \frac{1}{x^2+1} dx = \int_1^0 \frac{1}{(\frac{1}{t})^2+1} (\frac{-1}{t^2}) dt = \int_1^0 \frac{1}{\frac{1+t^2}{t^2}} (\frac{-1}{t^2}) dt$

$= -\int_1^0 \frac{1}{1+t^2} dt = \int_0^1 \frac{1}{1+t^2} dt$

(b) $\Delta x = \frac{1-0}{4} = \frac{1}{4}$

x	f(x) = $\frac{1}{1+t^2}$
0	1 → 0.5
0.25	0.941
0.50	0.8
0.75	0.64
1.0	0.5 → 0.25

adding, $0.5 + 0.941 + 0.8 + 0.64 + 0.25 = 3.131$

and $\int_0^1 \frac{1}{1+t^2} dt \approx 3.131(\Delta x) = 3.131(\frac{1}{4}) = 0.783$

77. $y' = \frac{x^3}{x^4+1}$

$\frac{dy}{dx} = \frac{x^3}{x^4+1}$

$dy = \frac{x^3}{x^4+1} dx$

$y = \int \frac{x^3}{x^4+1} dx = \frac{1}{4} \int \frac{4x^3}{x^4+1} dx$

$y = \frac{1}{4} \ln |x^4+1| + C$

81. $y' = 1 - y$

$\frac{dy}{dx} = 1 - y$

$\frac{dy}{y-1} = -dx$

$\ln(y-1) = -x + C$

$y - 1 = e^{(-x+1)} = ke^{-x}$

$y = ke^{-x} + 1$

85. $y^2 y' = 3x^2; \quad y(0) = 1$

$y^2 \frac{dy}{dx} = 3x^2$

$y^2 dy = 3x^2 dx$

$\frac{1}{3} y^3 = x^3 + C_1$

$y^3 = 3x^3 + C$

$y = (3x^3 + C)^{\frac{1}{3}}$ is the general solution

If $y(0) = 1$, $1 = (0 + C)^{\frac{1}{3}}$; $C = 1$

So the specific solution is $y = (3x^3 + 1)^{\frac{1}{3}}$

89. (a) If you save $4000 each year and the balance grows at 5% continuously compounded interest, then $y' = 4 + 0.05y$, where $y(t)$ is the balance in thousands of dollars. If you now have $10,000, then the boundary condition is $y(0) = 10$.

(b) $$\frac{dy}{dt} = 4 + 0.05$$

$$\frac{dy}{4 + 0.05y} = dt$$

$$\frac{0.05\,dy}{4 + 0.05y} = 0.05\,dt$$

$\ln(4 + 0.05y) = 0.05t + C$

$4 + 0.05y = ke^{0.05t}$

$y = 20(ke^{0.05t} - 4) = be^{0.05t} - 80$

If $y(0) = 10$, then $10 = b - 80$; $b = 90$

So the solution of the differential equation and boundary condition is $y = (90e^{0.05t} - 80)$ thousand dollars after t years.

(c) The bank balance y after 10 years is

$90e^{0.05(10)} - 80 = 90e^{0.5} - 80 \approx 68.385$.

The balance is about $68,385.

93. The price of a stamp grows without limit, so the equation is of the form $y' = ay$. Here annual growth is 3.5%, so $y' = 0.035y$. If the price in 1988 is 22¢, then the boundary condition is $t(0) = 22$. The solution to the equation is then $y = 22e^{0.035t}$. We want the price in the year 2000, or at $t = 12$ years: $y = 22e^{0.035(12)} \approx 33¢$.

97. If total sales grow at a rate proportional to the distance from an upper limit, then this is an example of limited growth, with equation $y' = a(M - y)$. The maximum number of VCRs that will be sold is 10,000, so $y' = a(10,000 - y)$. The solution is $y = 10,000(1 - e^{-at})$; y VCRs will be sold after t months. After 7 months 3000 VCRs have been sold, so $y(7) = 3000$.

$$3000 = 10,000(1 - e^{-7a})$$

$$1 - e^{-7a} = \frac{3}{10}$$

$$e^{-7a} = \frac{7}{10}$$

$$a = \frac{\ln(\frac{7}{10})}{-7} \approx 0.051$$

So after t months $y = 10,000(1 - e^{-0.05t})$ VCRs have been sold. After 12 months,

$$y = 10,000(1 - e^{-0.051(12)}) \approx 4574 \text{ VCRs have been sold.}$$

CHAPTER 7

CALCULUS OF SEVERAL VARIABLES

Exercises 7.1 Functions Of Several Variables

1. $f(x,y) = \dfrac{1}{xy}$
   Neither x nor y can equal zero, because the denominator would be zero. Therefore the domain of f is $\{(x,y) \mid x \neq 0, y \neq 0\}$.

5. $f(x,y) = \dfrac{\ln x}{y}$
   $\ln x$ is undefined if $x \leq 0$, and y can't equal zero, because the denominator would be zero. Therefore the domain of f is $\{(x,y) \mid x > 0, y \neq 0\}$.

9. $f(x,y) = \sqrt{99 - x^2 - y^2}$
   $f(3,-9) = \sqrt{99 - 3^2 - (-9)^2} = \sqrt{99 - 9 - 81} = \sqrt{9} = 3$

13. $w(u,v) = \dfrac{1 + 2u + 3v}{uv}$
    $w(-1,1) = \dfrac{1 + 2(-1) + 3(1)}{(-1)(1)} = \dfrac{1 - 2 + 3}{-1} = -2$

17. $f(x,y) = xe^y - ye^x$
    $f(1,-1) = (1)e^{-1} - (-1)e^1 = e^{-1} + e$

21. $f(x,y,z) = z \ln \sqrt{xy}$
    $f(-1,-1,5) = 5 \ln \sqrt{(-1)(-1)}$
    $= 5 \ln 1 = 5(0) = 0$

25. $T(v,d) = \dfrac{33v}{d + 33}$
    $T(90,33) = \dfrac{(33)(90)}{33 + 33} = \dfrac{(33)(90)}{66} = 45$
    When the volume of air in the tank is 90 units and the depth of the dive is 33 units, the maximum duration of the dive is 45 minutes.

29. $P(L,K) = aL^b K^{1-b}$
    $P(2L,2K) = a(2L)^b (2K)^{1-b} = a2^b L^b 2^{1-b} K^{1-b}$
    $= 2^b 2^{1-b} aL^b K^{1-b} = 2aL^b K^{1-b}$
    $2P(L,K) = 2aL^b K^{1-b} = P(2L,2K)$
    Therefore doubling labor and capital doubles production.

Chapter 7.2 Calculus of Several Variables 137

33. Unit costs are $210 for each washer x and $180 for each washer y: fixed costs are $4000. The company's cost function is
$C(x,y) = 210x + 180y + 4000$.

Exercises 7.2 Partial Derivatives

1. $f(x,y) = x^3 + 3x^2y^2 - 2y^3 - x + y$

    (a) $f_x(x,y) = 3x^2 + 3 \cdot 2xy^2 - 0 - 1 + 0 = 3x^2 + 6xy^2 - 1$

    (b) $f_y(x,y) = 0 + 2 \cdot 3x^2y - 2 \cdot 3y^2 - 0 + 1 = 6x^2y - 6y^2 + 1$

5. $f(x,y) = 12x^{\frac{1}{2}}y^{\frac{1}{3}} + 8$

    (a) $f_x(x,y) = 12 \cdot \frac{1}{2} x^{-\frac{1}{2}}y^{\frac{1}{3}} + 0 = 6x^{-\frac{1}{2}}y^{\frac{1}{3}}$

    (b) $f_y(x,y) = \frac{1}{3} \cdot 12x^{\frac{1}{2}}y^{-\frac{2}{3}} + 0 = 4x^{\frac{1}{2}}y^{-\frac{2}{3}}$

9. $f(x,y) = (x+y)^{-1}$

    (a) $f_x(x,y) = (-1)(x+y)^{-2}(1) = -(x+y)^{-2}$

    (b) $f_y(x,y) = (-1)(x+y)^{-2}(1) = -(x+y)^{-2}$

13. $f(x,y) = \ln(x^3 + y^3)$

    (a) $f_x(x,y) = \frac{1}{x^3+y^3} \cdot 3x^2 = \frac{3x^2}{x^3+y^3}$

    (b) $f_y(x,y) = \frac{1}{x^3+y^3} \cdot 3y^2 = \frac{3y^2}{x^3+y^3}$

17. $f(x,y) = e^{xy}$

    (a) $f_x(x,y) = e^{xy} \cdot y = ye^{xy}$

    (b) $f_y(x,y) = e^{xy} \cdot x = xe^{xy}$

21. $f(x,y) = \frac{4xy}{x^2+y^2}$

    (a) $f_x(x,y) = \frac{(x^2+y^2)(4y) - (4xy)(2x)}{(x^2+y^2)^2} = \frac{4x^2y + 4y^3 - 8x^2y}{(x^2+y^2)^2}$

    $= \frac{4y^3 - 4x^2y}{(x^2+y^2)^2}$

    (b) $f_y(x,y) = \frac{(x^2+y^2)(4x) - (4xy)(2y)}{(x^2+y^2)^2} = \frac{4x^3 + 4xy^2 - 8xy^2}{(x^2+y^2)^2}$

    $= \frac{4x^3 - 4xy^2}{(x^2+y^2)^2}$

138 Calculus 7.2

25. $w = e^{\frac{1}{2}(u^2-v^2)}$

(a) $\dfrac{dw}{du} = e^{\frac{1}{2}(u^2-v^2)} \left(\dfrac{1}{2} \cdot 2u\right) = ue^{\frac{1}{2}(u^2-v^2)}$

(b) $\dfrac{dw}{dv} = e^{\frac{1}{2}(u^2-v^2)} \cdot \dfrac{1}{2}(-2v) = -ve^{\frac{1}{2}(u^2-v^2)}$

29. $f(x,y) = e^{x^2+y^2}$

$f_x(x,y) = e^{x^2+y^2}(2x) = 2xe^{x^2+y^2}$

So $f_x(0,1) = 2(0)e^{0^2+1^2} = 0$

$f_y(x,y) = e^{x^2+y^2}(2y) = 2ye^{x^2+y^2}$

So $f_y(0,1) = 2(1)e^{0^2+1^2} = 2e$

33. $f(x,y) = \sqrt{x^2+y^2} = (x^2+y^2)^{\frac{1}{2}}$

$f_x(x,y) = \dfrac{1}{2}(x^2+y^2)^{-\frac{1}{2}}(2x) = \dfrac{x}{(x^2+y^2)^{\frac{1}{2}}}$

So $f_x(3,-4) = \dfrac{3}{[3^2+(-4)^2]^{\frac{1}{2}}} = \dfrac{3}{\sqrt{9+16}} = \dfrac{3}{\sqrt{25}} = \dfrac{3}{5}$

37. $f(x,y) = 9x^{\frac{1}{3}}y^{\frac{2}{3}} - 4xy^3$

(a) $f_x = 9 \cdot \dfrac{1}{3}x^{-\frac{2}{3}}y^{\frac{2}{3}} - 4y^3 = 3x^{-\frac{2}{3}}y^{\frac{2}{3}} - 4y^3$

So $f_{xx} = 3 \cdot -\dfrac{2}{3}x^{-\frac{5}{3}}y^{\frac{2}{3}} - 0 = -2x^{-\frac{5}{3}}y^{\frac{2}{3}}$

(b) $f_x = 3x^{-\frac{2}{3}}y^{\frac{2}{3}} - 4y^3$

So $f_{xy} = \dfrac{2}{3} \cdot 3x^{-\frac{2}{3}}y^{-\frac{1}{3}} - 4 \cdot 3y^2 = 2x^{-\frac{2}{3}}y^{-\frac{1}{3}} - 12y^2$

(c) $f_y = \dfrac{2}{3} \cdot 9x^{\frac{1}{3}}y^{-\frac{1}{3}} - 3 \cdot 4xy^2 = 6x^{\frac{1}{3}}y^{-\frac{1}{3}} - 12xy^2$

So $f_{yx} = 6 \cdot \dfrac{1}{3}x^{-\frac{2}{3}}y^{-\frac{1}{3}} - 12y^2 = 2x^{-\frac{2}{3}}y^{-\frac{1}{3}} - 12y^2 = f_{xy}$

(d) $f_y = 6x^{\frac{1}{3}}y^{-\frac{1}{3}} - 12xy^2$

So $f_{yy} = -\dfrac{1}{3} \cdot 6x^{\frac{1}{3}}y^{-\frac{4}{3}} - 2 \cdot 12xy = -x^{\frac{1}{3}}y^{-\frac{4}{3}} - 24xy$

41. $f(x,y) = x^4y^3 - e^{2x}$

(a) $f_x = 4x^3y^3 - 2e^{2x}$

$f_{xx} = 4 \cdot 3x^2y^3 - 2 \cdot 2e^{2x} = 12x^2y^3 - 4e^{2x}$

So $f_{xxy} = 3 \cdot 12x^2y^2 - 0 = 36x^2y^2$

Chapter 7.2 Calculus of Several Variables

(b) $f_x = 4x^3y^3 - 2e^{2x}$
        $f_{xy} = 3 \cdot 4x^3y^2 - 0 = 12x^3y^2$
        So $f_{xyx} = 12 \cdot 3x^2y^2 = 36x^2y^2$

(c) $f_y = 3x^4y^2 - 0 = 3x^4y^2$
        $f_{yx} = 3 \cdot 4x^3y^2 = 12x^3y^2$
        So $f_{yxx} = 12 \cdot 3x^2y^2 = 36x^2y^2$

Note that if $f_x = g(x)$, then f_{xxy} becomes g_{xy} and f_{xyx} becomes g_{yx}. Also, $f_{xyx} = (f_{xy})_x = (f_{yx})_x = f_{yxx}$. Thus we must have $f_{xxy} = f_{xyx} = f_{yxx}$ if the partials are continuous.

45. $f = (x^2 + y^2 + z^2)^4$

(a) $f_x = 4(x^2 + y^2 + z^2)^3(2x) = 8x(x^2 + y^2 + z^2)^3$

(b) $f_y = 4(x^2 + y^2 + z^2)^3(2y) = 8y(x^2 + y^2 + z^2)^3$

(c) $f_z = 4(x^2 + y^2 + z^2)^3(2z) = 8z(x^2 + y^2 + z^2)^3$

49. $f = e^{x^2+y^2+z^2}$

(a) $f_x = e^{x^2+y^2+z^2}(2x) = 2xe^{x^2+y^2+z^2}$

(b) $f_y = e^{x^2+y^2+z^2}(2y) = 2ye^{x^2+y^2+z^2}$

(c) $f_z = e^{x^2+y^2+z^2}(2z) = 2ze^{x^2+y^2+z^2}$

53. $f = 3x^2y - 2xz^2$
      $f_x(x,y,z) = 3 \cdot 2xy - 2z^2 = 6xy - 2z^2$
      So $f_x(2,-1,1) = 6(2)(-1) - 2(1)^2 = -12 - 2 = -14$

57. $P(x,y) = 2x^2 - 3xy + 3y^2 + 150x + 75y + 200$ (in dollars).

(a)   The marginal profit function for tape decks is
        $P_x(x,y) = 2 \cdot 2x - 3y + 0 + 150 + 0 + 0 = 4x - 3y + 150$

(b) $P_x(200,300) = 4(200) - 3(300) + 150 = 800 - 900 + 150 = 50$
        Profit increases by about \$50 per additional tape deck when 200 tape decks and 300 compact disc players are produced per day.

(c)   The marginal profit function for compact disc players is
        $P_y(x,y) = 0 - 3x + 2 \cdot 3y + 0 + 75 + 0 = -3x + 6y + 75$

140 *Calculus 7.2*

- **(d)** $P_y(200,100) = -3(200) + 6(100) + 75 = -600 + 600 + 75 = 75$
  Profit increases by about $75 per additional compact disc player when 200 tape decks and 100 compact disc players are produced per day.

61. $S(x,y) = 200 - 0.1x + 0.2y^2$
    $S_x = 0 - 0.1 + 0 = -0.1$
    Sales decrease by 0.1 unit for each dollar increase in the price of televisions.
    $S_y = 0 - 0 + 2 \cdot 0.2y = 0.4y$
    Sales increase by 0.4y units for each dollar of y units spent on advertising.

65. $S(w,v) = 0.027wv^2$
    - **(a)** $S_w(4,60) = 0.027v^2 = 0.027(60)^2 = 97.2$
      For a 4-ton truck travelling at 60 mph, increasing the weight by one ton will increase the skid length by 97.2 units.
    - **(b)** $S_v(4,60) = 2(0.027)wv = 0.054(4)(60) = 12.96$
      For a 4-ton truck travelling at 60 mph, increasing the speed by 1 mph will increase the skid length by about 13 units.

Exercises 7.3 Optimizing Functions of Several Variables

1. $f(x,y) = x^2 + 2y^2 + 2xy + 2x + 4y + 7$
   $f_x = 2x + 0 + 2y + 2 + 0 + 0 = 2x + 2y + 2 = 0$
   $f_y = 0 + 4y + 2x + 0 + 4 + 0 = 2x + 4y + 4 = 0$
   Solving these equations simultaneously gives $x = 0$, $y = -1$.
   $f_{xx} = 2$, $f_{yy} = 4$, and $f_{xy} = 2$, so $D = f_{xx}(a,b) \cdot f_{yy}(a,b) - [f_{xy}(a,b)]^2$
   $(2)(4) - 2^2 = 4 > 0$, and $f_{xx} > 0$.
   Therefore f has a relative minimum at $(0,-1)$. This minimum is
   $0^2 + 2(-1)^2 + 2(0)(-1) + 2(0) + 4(-1) + 7 = 2 - 4 + 7 = 5$
   Answer: Relative Minimum Value: $f = 5$ at $x = 0$, $y = -1$

5. $f(x,y) = 3xy - 2x^2 - 2y^2 + 14x - 7y - 5$
   $f_x = 3y - 4x - 0 + 14 - 0 - 0 = -4x + 3y + 14 = 0$
   $f_y = 3x - 0 - 4y + 0 - 7 - 0 = 3x - 4y - 7 = 0$
   Solving these equations simultaneously gives $x = 5$, $y = 2$.
   $f_{xx} = -4$, $f_{yy} = -4$, and $f_{xy} = 3$.
   So $D = (-4)(-4) - 3^2 = 7 > 0$, and $f_{xx} < 0$.
   Therefore f has a relative maximum at $(5,2)$. This maximum is
   $3(5)(2) - 2(5)^2 - 2(2)^2 + 14(5) - 7(2) - 5 = 23$
   Answer: Relative Minimum Value: $f = 23$ at $x = 5$, $y = 2$

9. $f(x,y) = 3x - 2y - 6$
$f_x = 3$ and $f_y = -2$, so there are no relative extrema, since $f_x \neq 0$ and $f_y \neq 0$. Note that this is the equation of a plane.

13. $f(x,y) = \ln(x^2 + y^2 + 1)$

$f_x = \dfrac{2x}{x^2 + y^2 + 1} = 0$

$f_y = \dfrac{2y}{x^2 + y^2 + 1} = 0$

The only solution to the equations is $x = 0$ and $y = 0$. At $(0,0)$, $f = \ln(0 + 0 + 1) = \ln 1 = 0$. This must be a relative minimum, since $x^2 + y^2 + 1 \geq 1$ for all x and y, so $\ln(x^2 + y^2 + 1)$ must be ≥ 0 for all x and y.
Answer: Relative Minimum Value: $f = 0$ at $x = 0$, $y = 0$

17. $f(x,y) = y^3 - x^2 - 2x - 12y$
$f_x = 0 - 2x - 2 - 0 = -2x - 2 = 0$
$f_y = 3y^2 - 0 - 0 - 12 = 3y^2 - 12 = 0$
The solutions are $x = -1$ and $y = \pm 2$.
$f_{xx} = -2$, $f_{yy} = 6y$, and $f_{xy} = 0$. At $(-1,2)$, $D = (-2)(6)(2) - 0 = -24 < 0$, so there is a saddle point. At $(-1,-2)$, $D = (-2)(6)(-2) - 0 = 24 > 0$, and $f_{xx} < 0$, so there is a relative maximum of
$(-2)^3 - (-1)^2 - 2(-1) - 12(-2) = 17$.
Answer: Relative Maximum Value: $f = 17$ at $x = -1$, $y = -2$
(saddle point at $(-1,2)$).

21.
Product A: $P = 12 - \dfrac{1}{2}x$ ($x \leq 20$)

Product B: $q = 20 - y$ ($y \leq 20$)

$c(x,y) = 9x + 16y - xy + 7$
The profit function for the two products x and y is

$P(x,y) = (12 - \dfrac{1}{2}x)x + (20 - y)y - (9x + 16y - xy + 7)$

$= 12x - \dfrac{1}{2}x^2 + 20y - y^2 - 9x - 16y + xy - 7$

$= -\dfrac{1}{2}x^2 + xy - y^2 + 3x + 4y - 7$

Profit will be maximized only when $P_x = P_y = 0$;
$P_x = -x + y + 3 = 0$; $P_y = x - 2y + 4 = 0$
Solving these equations simultaneously gives $x = 10$ and $y = 7$; thus to maximize profit 10 units of x at $[12 - \dfrac{1}{2}(10)] = 7$
thousand dollars each and 7 units of y at $(20 - 7) = 13$ thousand dollars each should be produced. The maximum profit is
$12(10) - \dfrac{1}{2}(100) + 20(7) - 49 - 9(10) - 16(7) + (10)(7) - 7 = 22$
thousand dollars. The D test will show that this is indeed a maximum.

142 *Calculus 7.3*

> Answer: 10 units of product A, sell for $7,000 each
> 7 units of product B, sell for $13,000 each
> Maximum profit: $22,000

25. $f(x,y) = xy - x^2 - y^2 + 11x - 4y + 120$ ($x \le 10$, $y \le 4$)
$f_x = y - 2x - 0 + 11 - 0 + 0 = -2x + y + 11 = 0$
$f_y = x - 0 - 2y + 0 - 4 + 0 = x - 2y - 4 = 0$
Solving the equations simultaneously gives $x = 6$ and $y = 1$; thus to maximize his score the subject should practice for 6 hours and rest for 1 hour. The D test shows that $(x,y) = (6,1)$ does maximize f.

29. America: $p = 20 - .2x$ ($x \le 100$):
Europe: $q = 16 - .1y$ ($y \le 169$);
Asia: $r = 12 - .1z$ ($z \le 120$)
   (a) The revenue from America is $(20 - 0.2x)x$, that from Europe is $(16 - 0.1y)y$, and that from Asia is $(12 - 0.1z)z$; the cost function is $22 + 4(x + y + z)$, all in thousands of dollars. The profit function is thus
$P(x,y,z) = (20 - 0.2x)x + (16 - 0.1y)y + (12 - 0.1z)z$
$ - [22 + 4(x + y + z)]$
$= 20x - 0.2x^2 + 16y - 0.1y^2 + 12z - 0.1z^2 - 22 - 4x - 4y - 4z$
$= -0.2x^2 - 0.1y^2 - 0.1z^2 + 16x + 12y + 8z - 22$
   (b) Profit will be maximized when $P_x = P_y = P_z = 0$:
$P_x = -0.4x + 16 = 0$
$ x = 40$
$P_y = -0.2y + 12 = 0$
$ y = 60$
$P_z = -0.2z + 8 = 0$
$ z = 40$
Thus for maximum profit 40 cars should be sold in America, 60 in Europe, and 40 in Asia (The D test shows that those values do indeed maximize P).

33. $f(x,y) = 12xy - x^3 - 6y^2$
$f_x = 12y - 3x^2 = 0$
$f_y = 12x - 12y = 0$
Solving the second equation gives $x = y$; substituting in the first equation gives $12x = 3x^2$; $x = 0$ or 4. Thus relative extrema will possibly be found at $(0,0)$ or $(4,4)$.
$f_{xx} = -6x$, $f_{yy} = -12$, and $f_{xy} = 12$.
At $(0,0)$ $D = -6(0)(-12) - 12^2 = -144$, so there is a saddle point.
At $(4,4)$, $D = -6(4)(-12) - 12^2 = 144 > 0$, and $f_{xx} < 0$, so there is a relative (and absolute) maximum at this point of
$12(4)(4) - 4^3 - 6(4)^2 = 32$
Answer: Relative Maximum Value: $f = 32$ at $x = 4$, $y = 4$
         (saddle point at $(0,0)$)

Chapter 7.4 *Calculus of Several Variables* 143

Exercises 7.4 Least Squares

1. | x | y | xy | x^2 |
     |---|---|----|----|
     | 1 | 2 | 2 | 1 |
     | 2 | 5 | 10 | 4 |
     | 3 | 9 | 27 | 9 |
     | $\Sigma x = 6$ | $\Sigma y = 16$ | $\Sigma xy = 39$ | $\Sigma x^2 = 14$ |

   $a = \dfrac{n\Sigma xy - (\Sigma x)(\Sigma y)}{n\Sigma x^2 - (\Sigma x)^2} = \dfrac{3(39) - (6)(16)}{3(14) - 6^2} = 3.5$

   $b = \dfrac{1}{n}(\Sigma y - a\Sigma x) = \dfrac{1}{3}[16 - (3.5)(6)] \approx -1.67$

   The least squares line is $y = 3.5x - 1.67$.

5. | x | y | xy | x^2 |
     |---|----|----|----|
     | 0 | 7 | 0 | 0 |
     | 1 | 10 | 10 | 1 |
     | 2 | 10 | 20 | 4 |
     | 3 | 15 | 45 | 9 |
     | $\Sigma x = 6$ | $\Sigma y = 42$ | $\Sigma xy = 75$ | $\Sigma x^2 = 14$ |

   $a = \dfrac{n\Sigma xy - (\Sigma x)(\Sigma y)}{n\Sigma x^2 - (\Sigma x)^2} = \dfrac{4(75) - (6)(42)}{4(14) - 6^2} = 2.4$

   $b = \dfrac{1}{n}(\Sigma y - a\Sigma x) = \dfrac{1}{4}[42 - (2.4)(6)] = 6.9$

   The least squares line is $y = 2.4x + 6.9$

9. | x | y | xy | x^2 |
     |---|----|----|----|
     | 1 | 7 | 7 | 1 |
     | 2 | 10 | 20 | 4 |
     | 3 | 11 | 33 | 9 |
     | 4 | 14 | 56 | 16 |
     | $\Sigma x = 10$ | $\Sigma y = 42$ | $\Sigma xy = 116$ | $\Sigma x^2 = 30$ |

   Let x = year
   y = sales (in millions)

   $a = \dfrac{n\Sigma xy - (\Sigma x)(\Sigma y)}{n\Sigma x^2 - (\Sigma x)^2} = \dfrac{4(116) - (10)(42)}{4(30) - 10^2} \quad 2.2$

   $b = \dfrac{1}{n}(\Sigma y - a\Sigma x) = \dfrac{1}{4}[42 - (2.2)(10)] = 5$

   The least squares line is $y = 2.2x + 5$; in the 5th year
   Prediction: There will be about $(2.2)(5) + 5 = 16$ million sales.

13. Let x = the time period (a span of 20 years) and y the high average minus league average for the period:

	x	y	xy	x^2
1901 - 1920	1	82	82	1
1921 - 1940	2	76	152	4
1941 - 1960	3	68	204	9
1961 - 1980	4	59	236	16
	$\Sigma x = 10$	$\Sigma y = 285$	$\Sigma xy = 674$	$\Sigma x^2 = 30$

144 *Calculus 7.4*

$$a = \frac{n\Sigma xy - (\Sigma x)(\Sigma y)}{n\Sigma x^2 - (\Sigma x)^2} = \frac{4(674) - (10)(285)}{4(30) - 10^2} = -7.7$$

$$b = \frac{1}{n}(\Sigma y - a\Sigma x) = \frac{1}{4}[285 - (-7.7)(10)] = 90.5$$

The least squares line is $y = -7.7x + 90.5$. Thus for $x = 5$ (the period 1981 - 2000), the difference between high and league averages should be about $(-7.7)(5) + 90.5 = 52$.

17. Let x be the number of cigarettes smoked daily and y the resultant life expectancy.

x	y	xy	x^2
0	73.6	0	0
5	69.0	345.0	25
15	68.1	1021.5	225
30	67.4	2022.0	900
40	65.3	2612.0	1600
$\Sigma x = 90$	$\Sigma y = 343.4$	$\Sigma xy = 6000.5$	$\Sigma x^2 = 2750$

$$a = \frac{n\Sigma xy - (\Sigma x)(\Sigma y)}{n\Sigma x^2 - (\Sigma x)^2} = \frac{5(6000.5) - (90)(343.4)}{5(2750) - 90^2} \approx -0.160$$

$$b = \frac{1}{n}(\Sigma y - a\Sigma x) = \frac{1}{5}[343.4 - (-0.160)(90)] \approx 71.6$$

The least squares line is $y = -0.16x + 71.6$; thus for each cigarette smoked per day, life expectancy is decreased by about 0.16 year, or a little over 8 weeks.

21.

x	y	$Y = \ln y$	xY	x^2
1	10	2.30	2.30	1
3	5	1.61	4.83	9
6	1	0	0	36
$\Sigma x = 10$		$\Sigma Y = 3.91$	$\Sigma xY = 7.13$	$\Sigma x^2 = 46$

$$A = \frac{n\Sigma xY - (\Sigma x)(\Sigma Y)}{n\Sigma x^2 - (\Sigma x)^2} = \frac{3(7.13) - (10)(3.91)}{3(46) - 10^2} \approx -0.466$$

$$b = \frac{1}{n}(\Sigma Y - a\Sigma x) = \frac{1}{3}[3.91 - (-0.466)(10)] \approx 2.86$$

Then $B = e^b = e^{2.86} \approx 17.46$ and the least squares curve is $y = 17.46e^{-0.47x}$

25.

x	y	$Y = \ln y$	xY	x^2
-1	20	3.00	-3.00	1
0	18	2.89	0	0
1	15	2.71	2.71	1
3	4	1.39	4.16	9
5	1	0	0	25
$\Sigma x = 8$		$\Sigma Y = 9.99$	$\Sigma xY = 3.87$	$\Sigma x^2 = 36$

Chapter 7.5 **Calculus of** Several Variables 145

$$A = \frac{n\Sigma xy - (\Sigma x)(\Sigma y)}{n\Sigma x^2 - (\Sigma x)^2} = \frac{5(3.87) - (8)(9.99)}{5(36) - 8^2} \approx -0.521$$

$$b = \frac{1}{n}(\Sigma y - a\Sigma x) = \frac{1}{5}[9.99 - (-0.521)(8)] \approx 2.83$$

$$B = e^b = e^{2.83} \approx 16.95$$

The least squares curve is $y = 16.95e^{-0.52x}$

29. Let x be the year and y the highest price (in thousands of dollars) paid for a stock exchange seat that year:

x	y	Y = ℓn y	xY	x²
1977	1	100	4.61	4.61	1
1979	2	230	5.44	10.88	4
1981	3	300	5.70	17.11	9
1983	4	450	6.11	24.44	16
1985	5	500	6.21	31.07	25
1987	6	1100	7.00	42.02	36
	Σx = 21		ΣY = 35.07	ΣxY = 130.13	Σx² = 91

$$A = \frac{n\Sigma xY - (\Sigma x)(\Sigma Y)}{n\Sigma x^2 - (\Sigma x)^2} = \frac{6(130.13) - (21)(35.07)}{6(91) - 21^2} \approx -0.422$$

$$b = \frac{1}{n}(\Sigma Y - a\Sigma x) = \frac{1}{6}[35.07 - (-0.422)(21)] \approx 4.37$$

$$B = e^b = e^{4.37} \approx 79.04$$

The least squares curve is $y = 79.04e^{-0.42x}$.

In the year 1999, x = 12, and the price of a stock exchange seat will be about $79.30e^{(0.42)(12)} \approx \$12.2$ million.

Exercises 7.5 LaGrange Multipliers and Constrained Optimization

1. Maximize f(x,y) = 3xy subject to x + 3y = 12:
    F(x,y,λ) = 3xy + λ(x + 3y - 12)
    F_x = 3y + λ = 0
    F_y = 3x + 3λ = 0
    $F_λ$ = x + 3y - 12 = 0
    From the first two equations we get λ = -3y = -x; thus x = 3y.
    Substituting in the third equation,
    3y + 3y - 12 = 0
    y = 2, and x = 3(2) = 6.
    The maximum constrained value of f occurs at (6,2) and is 3(6)(2) = 36.

5. Maximize f(x,y) = xy - 2x² - y² subject to x + y = 8:
    F(x,y,λ) = xy - 2x² - y² + λ(x + y - 8)
    F_x = y - 4x + λ = 0
    F_y = x - 2y + λ = 0
    $F_λ$ = x + y - 8 = 0
    From the first two equation we get λ = 4x - y = 2y - x;
    so 5x = 3y, or x = $\frac{3}{5}$ y.

146 Calculus 7.5

Substituting in the third equation, $\frac{3}{5}y + y = 8$; $\frac{8}{5}y = 8$; $y = 5$

Then $x = \frac{3}{5}(5) = 3$. Thus the maximum constrained value of f occurs at

$(3,5)$ and is $(3)(5) - 2(3)^2 - (5)^2 = -28$

9. Maximize $f(x,y) = \ln(xy)$ subject to $x + y = 2e$:
$F(x,y,\lambda) = \ln(xy) + \lambda(x + y - 2e)$
$F_x = \frac{y}{xy} + \lambda = \frac{1}{x} + \lambda = 0$
$F_y = \frac{x}{xy} + \lambda = \frac{1}{y} + \lambda = 0$
$F_\lambda = x + y - 2e = 0$
From the first two equations, $\lambda = \frac{-1}{x} = \frac{-1}{y}$; thus $x = y$.
Substituting in the third equation, $x + x = 2e$
$2x = 2e$
$x = e$; since $x = y$, $y = e$.
The maximum constrained value of f occurs at (e,e) and
is $\ln(e \cdot e) = \ln e^2 = 2$.

13. Minimize $f(x,y) = xy$, subject to $y = x + 8$:
$F(x,y,\lambda) = xy + \lambda(x - y + 8)$
$F_x = y + \lambda = 0$
$F_y = x - \lambda = 0$
$F_\lambda = x - y + 8 = 0$
From the first two equations, $\lambda = -y = x$. Substituting in the third equation, $-y - y = -8$
$-2y = -8$; $y = 4$, and $x = -y = -4$
The constrained minimum of f occurs at $(-4,4)$ and is $(4)(-4) = -16$.

17. Minimize $f(x,y) = \ln(x^2 + y^2)$, subject to $2x + y = 25$:
$F(x,y,\lambda) = \ln(x^2 + y^2) + \lambda(2x + y - 25)$
$F_x = \frac{2x}{x^2 + y^2} + 2\lambda = 0$
$F_y = \frac{2y}{x^2 + y^2} + \lambda = 0$
$F_\lambda = 2x + y - 25 = 0$
From the first two equations, $\lambda = \frac{-2y}{x^2 + y^2} = \frac{-x}{x^2 + y^2}$;
thus $x = 2y$. Substituting in the third equation,
$2(2y) + y - 25 = 0$, $5y = 25$; $y = 5$, and $x = 2(5) = 10$

The minimum constrained value of f occurs at $(10,5)$
and is $\ln(10^2 + 5^2) = \ln 125$.

21. Maximize and minimize $f(x,y) = 2xy$, subject to $x^2 + y^2 = 8$:
$F(x,y,\lambda) = 2xy + \lambda(x^2 + y^2 - 8)$
$F_x = 2y + 2x\lambda = 0$

$F_y = 2x + 2y\lambda = 0$

$F_\lambda = x^2 + y^2 - 8 = 0$

From the first two equations, $\lambda = \dfrac{-2y}{2x} = \dfrac{-2x}{2y}$;

so $\dfrac{y}{x} = \dfrac{x}{y}$, and $x^2 = y^2$; $x = \pm y$.

Substituting $x = y$ in the third equation, $x^2 + x^2 = 8$

$$2x^2 = 8$$
$$x = \pm 2, \text{ and } y = \pm 2.$$

Substituting $x = -y$ in the third equation again gives $x = \pm 2$, but now $y = \mp 2$; thus we have 4 points at which constrained extrema may occur, (2,2), (2,-2), (-2,2), and (-2,-2). At (2,2) and (-2,-2), $f = 8$, and at (2,-2) and (-2,2) $f = -8$; thus the constrained maximum is 8 at (2,2) and (-2,-2), and the constrained minimum is -8 at (2,-2) and (-2,2).

25. (a) Call the horizontal strip of fence x and the three vertical strips of fence y; we then want to maximize the area xy subject to $x + 3y = 6000$.

$F(x,y,\lambda) = xy + \lambda(x + 3y - 6000)$

$F_x = y + \lambda = 0$

$F_y = x + 3\lambda = 0$

$F_\lambda = x + 3y - 6000 = 0$

From the first two equations, $\lambda = -y = \dfrac{-x}{3}$; thus $x = 3y$.

Substituting in the third equation, $3y + 3y = 6000$

$$6y = 6000; \ y = 1000$$

Then $x = 3(1000) = 3000$.

The largest area that can be enclosed under the given conditions is $(3000)(1000) = 3$ million ft^2.

Answer: 1000 ft perpendicular to building; 3000 ft parallel to building.

(b) Since $\lambda = -y$, $\lambda = -1000$. $|\lambda| = 1000$, which is the number of additional objective units per additional constraint unit; thus each extra foot of fence will enclose about 1000 additional square feet in area.

29. Call the sides of the square base x and the length of the box y; we want to maximize $x^2 y$ subject to $4x + y = 84$ (note that we do indeed want to use the full allowed 84" of length plus girth, since, for a given square base, increasing the length of the box so that the full 84" are used will always increase the volume of the box.)

$F(x,y,\lambda) = x^2 y + \lambda(4x + y - 84)$

$F_x = 2xy + 4\lambda = 0$

$F_y = x^2 + \lambda = 0$

$F_\lambda = 4x + y - 84 = 0$

148 *Calculus 7.5*

From the first two equations, $\lambda = \dfrac{-2xy}{4} = \dfrac{-xy}{2} = -x^2$

Of course $x \ne 0$, so we get $\dfrac{y}{2} = x$, or $y = 2x$.

Substituting in the third equation, $4x + 2x = 84$
$$6x = 84$$
$x = 14$, and $y = 2(14) = 28$.

The largest box with a square base whose length plus girth does not exceed 84" has dimensions 14" x 14" x 28" and volume $(28)(14)(14) = 5488 \text{ in}^3$.

33. We want to minimize the cost, which is $(50)(2)x^2 + (30)(4)xz$
    $= 100x^2 + 120xz$, subject to $x^2z = 45$.

    $F(x,z,\lambda) = 100x^2 + 120xz + \lambda(x^2z - 45)$
    $F_x = 200x + 120z + 2xz\lambda = 0$
    $F_z = 120x + x^2\lambda = 0$
    $F_\lambda = x^2z - 45 = 0$

    From the first two equations we get $\lambda = -\dfrac{200x + 120z}{2xz} = -\dfrac{100x + 60z}{xz}$

    and $\lambda = \dfrac{-120x}{x^2} = \dfrac{-120}{x}$, since x and $z \ne 0$. Thus $\dfrac{100x + 60z}{xz} = \dfrac{120}{x}$

    $$100x + 60z = 120z$$
    $$100x = 60z$$
    $$z = \dfrac{100}{60}x = \dfrac{5}{3}x$$

    Substituting in the third equation, $x^2(\dfrac{5}{3}x) = 45$

    $x^3 = \dfrac{3 \cdot 4 \cdot 5}{5} = 27$

    $x = 3$, and $z = \dfrac{5}{3}(3) = 5$.

    The box of minimum cost subject to the conditions given will have dimensions 3" x 3" x 5".

37. Maximize $f(x,y,z) = x + y + z$, subject to $x^2 + y^2 + z^2 = 12$.

    $F(x,y,z,\lambda) = x + y + z + \lambda(x^2 + y^2 + z^2 - 12)$
    $F_x = 1 + 2x\lambda = 0$
    $F_y = 1 + 2y\lambda = 0$
    $F_z = 1 + 2z\lambda = 0$
    $F_\lambda = x^2 + y^2 + z^2 - 12 = 0$

    We get $\lambda = \dfrac{-1}{2x} = \dfrac{-1}{2y} = \dfrac{-1}{2z}$; thus $x = y = z$.

    Substituting in the third equation, $x^2 + x^2 + x^2 = 12$
    $$3x^2 = 12$$
    $$x = 2; \text{ so } y = z = 2.$$

    The maximum constrained value of f is $2 + 2 + 2 = 6$.

Exercises 7.6 Multiple Integrals

1. $\int_{1}^{x^2} 8xy^3 \, dy = 8x(\frac{y^4}{4})\Big|_{1}^{x^2}$

$\qquad 2xy^4 \Big|_{y=1}^{x^2} = 2x[(x^2)^4 - 1]$

$\qquad\qquad\qquad = 2x(x^8 - 1)$

$\qquad\qquad\qquad = 2x^9 - 2x$

5. $\int_{0}^{x} (6y - x) \, dy = \left[6(\frac{y^2}{2}) - xy\right]\Big|_{y=0}^{x}$

$\qquad\qquad\qquad = (3y^2 - xy)\Big|_{y=0}^{x}$

$\qquad\qquad\qquad = 3x^2 - x(x) - [3(0) - x(0)] = 3x^2 - x^2 = 2x^2$

9. $\int_{0}^{2}\int_{0}^{1} x \, dy \, dx = \int_{0}^{2} (xy)\Big|_{y=0}^{1} dx$

$\qquad\qquad\qquad = \int_{0}^{2} x(1 - 0) \, dx$

$\qquad\qquad\qquad = \frac{x^2}{2}\Big|_{0}^{2} = \frac{2^2}{2} - 0 = 2$

13. $\int_{1}^{3}\int_{0}^{2} (x + y) \, dy \, dx = \int_{1}^{3} (xy + \frac{y^2}{2})\Big|_{y=0}^{2} dx$

$\qquad\qquad\qquad = \int_{1}^{3} [(2x + 2) - (0 + 0)] \, dx$

$\qquad\qquad\qquad = \int_{1}^{3} (2x + 2) \, dx$

$\qquad\qquad\qquad = (x^2 + 2x)\Big|_{1}^{3} = (9 + 6) - (1 + 2) = 12$

17. $\int_{-3}^{3}\int_{0}^{3} y^2 e^{-x} \, dy \, dx = \int_{-3}^{3} (\frac{y^3}{3} e^{-x})\Big|_{y=0}^{3} dx$

$\qquad\qquad\qquad = \int_{-3}^{3} (9e^{-x} - 0) \, dx$

$\qquad\qquad\qquad = -9e^{-x}\Big|_{-3}^{3} = -9(e^{-3} - e^{3})$

$\qquad\qquad\qquad = 9(e^{3} - e^{-3})$

21. $\int_{0}^{2}\int_{x}^{1} 12xy \, dy \, dx = \int_{0}^{2} \left[12x(\frac{y^2}{2})\right]\Big|_{y=x}^{1} dx$

$\qquad\qquad\qquad = \int_{0}^{2} (6xy^2)\Big|_{y=x}^{1} dx$

150 Calculus 7.6

$$= \int_0^2 6x(1 - x^2)\, dx$$

$$= \int_0^2 (6x - 6x^3)\, dx$$

$$= (3x^2 - \frac{3}{2} x^4) \Big|_0^2 = \left[3(4) - \frac{3}{2}(16)\right] - (0 - 0)$$

$$= 12 - 24 = -12$$

25.
$$\int_{-3}^{3} \int_{0}^{4x} (y - x)\, dy\, dx = \int_{-3}^{3} \left(\frac{y^2}{2} - xy\right)\Big|_{y=0}^{4x} dx$$

$$= \int_{-3}^{3} \left[\frac{(4x)^2}{2} - x(4x) - 0 - 0\right] dx$$

$$= \int_{-3}^{3} (8x^2 - 4x^2)\, dx$$

$$= \int_{-3}^{3} 4x^2\, dx = \frac{4}{3} x^3 \Big|_{x=-3}^{3}$$

$$= \frac{4}{3}[27 - (-27)]$$

$$= \frac{4}{3}(54) = 72$$

29. (a) $\iint_R 3xy^2\, dx\, dy$, $R = \{(x,y) \mid 0 \leq x \leq 2,\ 1 \leq y \leq 3\}$

$$= \int_0^2 \int_1^3 3xy^2\, dy\, dx$$

$$= \int_1^3 \int_0^2 3xy^2\, dx\, dy$$

(b) $\int_0^2 \int_1^3 3xy^2\, dy\, dx = \int_0^2 \left[3x\left(\frac{y^3}{3}\right)\right]\Big|_{y=1}^{3} dx$

$$= \int_0^2 (xy^3)\Big|_{y=1}^{3} dx$$

$$= \int_0^2 x(27 - 1)\, dx$$

$$= \int_0^2 26x\, dx = 13x^2 \Big|_0^2$$

$$= 13(4 - 0) = 52$$

and $\int_1^3 \int_0^2 3xy^2\, dx\, dy = \int_1^3 \left(\frac{3}{2} x^2 y^2\right)\Big|_{x=0}^{2} dy$

$$= \int_1^3 \frac{3}{2} y^2 (4 - 0)\, dy$$

$$= \int_1^3 6y^2\, dy = 2y^3 \Big|_1^3$$

$$= 2(27 - 1) = 2(26) = 52$$

33. $f(x,y) = x + y$; $R = \{(x,y) \mid 0 \leq x \leq 2,\ 0 \leq y \leq 2\}$
The volume under the surface f and above the region R is $\iint_R (x + y)\, dx\, dy = \int_0^2 \int_0^2 (x + y)\, dx\, dy$

Chapter 7.6 Calculus of Several Variables 151

$$= \int_0^2 \left(\frac{x^2}{2} + xy\right)\Big|_{x=0}^{2} dy$$
$$= \int_0^2 [(2 + 2y) - (0 + 0)] \, dy$$
$$= (2y + y^2)\Big|_0^2$$
$$= 2(2) + 4 - 0 = 8 \text{ cubic units}$$

37. $f(x,y) = 2xy$; $R = \{(x,y) \mid 0 \le x \le 1, \ x^2 \le y \le \sqrt{x}\}$
The volume under f and above R is

$$\iint_R 2xy \, dx \, dy = \int_0^1 \int_{x^2}^{\sqrt{x}} 2xy \, dy \, dx$$
$$= \int_0^1 (xy^2)\Big|_{y=x^2}^{\sqrt{x}} dx$$
$$= \int_0^1 x[(\sqrt{x})^2 - (x^2)^2] \, dx$$
$$= \int_0^1 x(x - x^4) \, dx$$
$$= \int_0^1 (x^2 - x^5) \, dx$$
$$= \left(\frac{x^3}{3} - \frac{x^6}{6}\right)\Big|_0^1 = \left(\frac{1}{3} - \frac{1}{6}\right) - 0 = \frac{1}{6} \text{ cubic units.}$$

41. $f(x,y) = 48 + 4x - 2y$
The average temperature over the region is
$$\frac{1}{\text{area of R}} \iint_R (48 + 4x - 2y) \, dx \, dy, \text{ where}$$

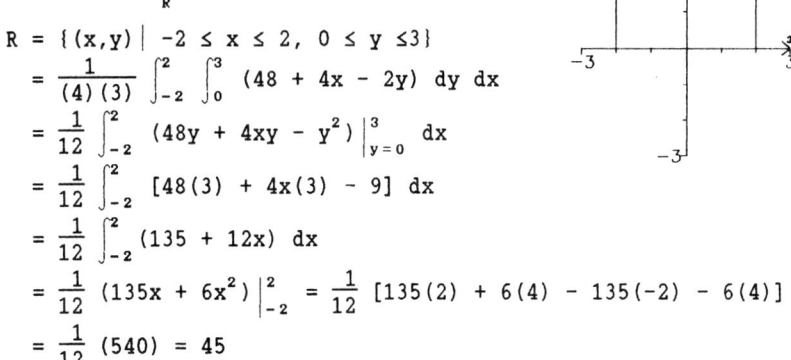

$R = \{(x,y) \mid -2 \le x \le 2, \ 0 \le y \le 3\}$
$$= \frac{1}{(4)(3)} \int_{-2}^{2} \int_0^3 (48 + 4x - 2y) \, dy \, dx$$
$$= \frac{1}{12} \int_{-2}^{2} (48y + 4xy - y^2)\Big|_{y=0}^{3} dx$$
$$= \frac{1}{12} \int_{-2}^{2} [48(3) + 4x(3) - 9] \, dx$$
$$= \frac{1}{12} \int_{-2}^{2} (135 + 12x) \, dx$$
$$= \frac{1}{12} (135x + 6x^2)\Big|_{-2}^{2} = \frac{1}{12} [135(2) + 6(4) - 135(-2) - 6(4)]$$
$$= \frac{1}{12} (540) = 45$$
The average temperature over the region is 45 degrees.

45. The volume of the building is the volume under the surface
$f(x,y) = 40 - 0.006x^2 + 0.003y^2$ and above the region
$= \{(x,y) \mid -50 \le x \le 50, \ -100 \le y \le 100\}$

152 Calculus 7.6

$$\iint_R (40 - 0.006x^2 + 0.003y^2)\, dx\, dy$$

$$= \int_{-50}^{50} \int_{-100}^{100} (40 - 0.006x^2 + 0.0003y^2)\, dy\, dx$$

$$= \int_{-50}^{50} (40y - 0.006x^2 y + 0.001y^3)\Big|_{y=0}^{100} dx$$

$$= \int_{-50}^{50} [40(100) - 0.006x^2(100) + 0.001(100)^3$$

$$-40(-100) + 0.006x^2(-100) - 0.001(-100)^3]\, dx$$

$$= \int_{-50}^{50} (4000 - 0.6x^2 + 1000 + 4000 - 0.6x^2 + 1000)\, dx$$

$$= \int_{-50}^{50} (10{,}000 - 1.2x^2)\, dx$$

$$= (10{,}00x - 0.4x^3)\Big|_{-50}^{50}$$

$$= (10{,}000)(50) - 0.4(50^3 - (10{,}000)(-50) + (0.4)(-50))^3 = 900{,}000$$

The volume of the building is 900,000 cubic units.

49. $\displaystyle\int_1^2 \int_0^2 \int_0^1 2xy^2 z^3\, dx\, dy\, dz = \int_1^2 \int_0^2 (x^2 y^2 z^3)\Big|_{x=0}^{1} dy\, dz$

$$= \int_1^2 \int_0^2 y^2 z^3 (1 - 0)\, dy\, dz$$

$$= \int_1^2 \int_0^2 y^2 z^3\, dy\, dz$$

$$= \int_1^2 \left(\frac{y^3}{3} z^3\right)\Big|_{y=0}^{2} dz$$

$$= \int_1^2 z^3 \left(\frac{8}{3} - 0\right) dz$$

$$= \int_1^2 \frac{8}{3} z^3\, dz$$

$$= \frac{8}{3}\left(\frac{z^4}{4}\right)\Big|_1^2 = \frac{2}{3} z^4\Big|_1^2 = \frac{2}{3}(16 - 1) = \frac{2}{3}(15) = 10$$

Exercises 7.7 Review of Chapter Seven

1. $f(x,y) = \dfrac{\sqrt{x}}{\sqrt[3]{y}}$

   x must be non-negative for $\sqrt{x}$ to be real; also y can not be zero, since the denominator of f would be zero. Therefore the domain of f is
   $\{(x,y)\mid x \geq 0,\ y \neq 0\}$.

5. $f(x,y) = 2x^5 - 3x^2 y^3 + y^4 - 3x + 2y + 7$
   (a) $f_x = 2 \cdot 5x^4 - 3 \cdot 2xy^3 + 0 - 3 + 0 + 0 = 10x^4 - 6xy^3 - 3$
   (b) $f_y = 0 - 3 \cdot 3x^2 y^2 + 4y^3 - 0 + 2 + 0 = -9x^2 y^2 + 4y^3 + 2$

Chapter 7.7 Calculus of Several Variables 153

(c) $f_x = 10x^4 - 6xy^3 - 3$, so $f_{xy} = 0 - 3 \cdot 6xy^2 - 0 = -18xy^2$

(d) $f_y = -9x^2y^2 + 4y^3 + 2$, so $f_{yx} = -9 \cdot 2xy^2 + 0 + 0 = -18xy^2$

9. $f(x,y) = e^{x^3} - 2y^3$

   (a) $f_x = 3x^2 e^{x^3 - 2y^3}$

   (b) $f_y = (-2)(3y^2) e^{x^3 - 2y^3} = -6y^2 e^{x^3 - 2y^3}$

   (c) $f_x = 3x^2 e^{x^3 - 2y^3}$, so $f_{xy} = (3x^2)(-2)(3y^2) e^{x^3 - 2y^3} = -18x^2 y^2 e^{x^3 - 2y^3}$

   (d) $f_y = -6y^2 e^{x^3 - 2y^3}$, so $f_{yx} = (-6y^2)(3x^2) e^{x^3 - 2y^3} = -18x^2 y^2 e^{x^3 - 2y^3}$

13. $f(x,y) = \dfrac{x+y}{x-y}$

   (a) $f_x = \dfrac{(x-y)(1) - (x+y)(1)}{(x-y)^2} = \dfrac{-2y}{(x-y)^2}$

   So $f_x(1,-1) = \dfrac{(-2)(-1)}{[1-(-1)]^2} = \dfrac{2}{2^2} = \dfrac{1}{2}$

   (b) $f_y = \dfrac{(x-y)(1) - (x+y)(-1)}{(x-y)^2} = \dfrac{2x}{(x-y)^2}$

   So $f_y(1,-1) = \dfrac{2(1)}{[1-(-1)]^2} = \dfrac{2}{2^2} = \dfrac{1}{2}$

17. $P(L,K) = 160 L^{\frac{3}{4}} K^{\frac{1}{4}}$

   (a) $P_L(L,K) = 160 \cdot \dfrac{3}{4} L^{-\frac{1}{4}} K^{\frac{1}{4}} = 120 L^{-\frac{1}{4}} K^{\frac{1}{4}}$

   So $P_L(81,16) = 120(81)^{-\frac{1}{4}} (16)^{\frac{1}{4}} = 120(\tfrac{1}{3})(2) = 80$

   Production increases by about 80 units for each extra unit of labor when 81 units of labor and 16 of capital are used.

   (b) $P_K(L,K) = \dfrac{1}{4} \cdot 160 L^{\frac{3}{4}} K^{-\frac{3}{4}} = 40 L^{\frac{3}{4}} K^{-\frac{3}{4}}$

   So $P_K(81,16) = 40(81)^{\frac{3}{4}} (16)^{-\frac{3}{4}} = 40(27)(\tfrac{1}{8}) = 135$

   Production increases by about 135 units for each extra unit of capital when 81 units of labor and 16 of capital are used.

   (c) At these levels of labor and capital, an additional unit of capital is more effective in increasing production than an additional unit of labor.

21. $f(x,y) = 2xy - x^2 - 5y^2 + 2x - 10y + 3$
    $f_x = 2y - 2x + 2 = 0$
    $f_y = 2x - 10y - 10 = 0$

154 *Calculus 7.7*

Solving the equation simultaneously gives $x = 0$ and $y = -1$.
$f_{xx} = -2$, $f_{yy} = -10$, and $f_{xy} = 2$, so $D = (-2)(-10) - 2^2 = 16 > 0$, and $f_{xx} < 0$. Therefore f has a relative (and absolute) maximum at $(0,-1)$. This maximum is $2(0)(-1) - 0 - 5(-1)^2 + 2(0) - 10(-1) + 3 = 8$

25. $f(x,y) = e^{-(x^2+y^2)}$
$f_x = -2xe^{-(x^2+y^2)} = 0$
$f_y = -2ye^{-(x^2+y^2)} = 0$
$e^{-(x^2+y^2)} > 0$ for all x and y, so the only values that satisfy these equations are $x = 0$ and $y = 0$.
By inspection we can see that f must have a relative maximum of $e^0 = 1$ at $(0,0)$. For any other (x,y), $x^2 + y^2 > 0$, so $e^{-(x^2+y^2)} = \frac{1}{e^k}$, with k positive, for any x and y not both equal to zero. $\frac{1}{e^k} < 1$ if $k > 0$, so $e^0 = 1$ must be a maximum of f.

29. $f(x,y) = x^3 - y^2 - 12x - 6y$
$f_x = 3x^2 - 12 = 0$
$f_y = -2y - 6 = 0$
These equation give $x^2 = 4$
$x = \pm 2$
and $2y = -6$
$y = -3$
So extrema may occur at $(2,-3)$ or $(-2,-3)$.
$f_{xx} = 6x$, $f_{yy} = -2$, and $f_{xy} = 0$.
At $(2,-3)$, $D = 6(2)(-2) - 0 = -24 < 0$, so there is a saddle point. At $(-2,-3)$, $D = 6(-2)(-2) - 0 = 24 > 0$, and $f_{xx} = -12 < 0$, so f has a relative maximum. This maximum is $(-2)^3 - (-3)^2 - 12(-2) - 6(-3) = 25$

33.

x	y	xy	x^2
1	-1	-1	1
3	6	18	9
4	6	24	16
5	10	50	25
$\Sigma x = 13$	$\Sigma y = 21$	$\Sigma xy = 91$	$\Sigma x^2 = 51$

$a = \frac{n\Sigma xy - (\Sigma x)(\Sigma y)}{n\Sigma x^2 - (\Sigma x)^2} = \frac{4(91) - (13)(21)}{4(51) - 13^2} = 2.6$

$b = \frac{1}{n}(\Sigma y - a\Sigma x) = \frac{1}{4}[21 - (2.6)(13)] = -3.2$

The least squares line is $y = 2.6x - 3.2$.

Chapter 7.7 *Calculus of Several Variables* 155

37. Maximize $f(x,y) = 6x^2 - y^2 + 4$, subject to $3x + y = 12$
$F(x,y,\lambda) = 6x^2 - y^2 + 4 + \lambda(3x + y - 12)$
$F_x = 12x + 3\lambda = 0$
$F_y = -2y + \lambda = 0$
$F_\lambda = 3x + y - 12 = 0$
From the first two equations, $\lambda = \dfrac{-12x}{3} = 2y$; so $y = -2x$.
Substituting in the third equation, $3x - 2x - 12 = 0$
$\qquad\qquad\qquad\qquad\qquad\qquad\qquad\qquad x = 12$
Then $y = -2(12) = -24$.
The maximum constrained value of f occurs at $(12, -24)$ and is
$6(12)^2 - (-24)^2 + 4 = 292$

41. Minimize $e^{x^2+y^2}$ subject to $x + 2y = 12$:
$F(x,y,\lambda) = e^{x^2+y^2} + \lambda(x + 2y - 12)$
$F_x = 2xe^{x^2+y^2} + \lambda = 0$
$F_y = 2ye^{x^2+y^2} + 2\lambda = 0$
$F_\lambda = x + 2y - 12 = 0$
From the first two equations, $\lambda = -2xe^{x^2+y^2} = \dfrac{-2ye^{x^2+y^2}}{2}$
Thus $-2x = \dfrac{-2y}{2} = -y$, or $y = 2x$.
Substituting in the third equation, $x + 2(2x) - 12 = 0$
$\qquad\qquad\qquad\qquad\qquad\qquad\qquad 5x = 12$
$\qquad\qquad\qquad\qquad\qquad\qquad\qquad x = \dfrac{12}{5}$
Then $y = 2(\dfrac{12}{5}) = \dfrac{24}{5}$.
The minimum constrained value of f occurs at $(\dfrac{12}{5}, \dfrac{24}{5})$ and is
$e^{(\frac{12}{5})^2 + (\frac{24}{5})^2} = e^{\frac{720}{25}} = e^{\frac{144}{5}} \approx 3.22 \times 10^{12}$.

45. The profit $P(x,y) = 300x^{2/3}y^{1/3}$; we want to maximize P subject to $x + y = 60{,}000$.

(a) $P(x,y,\lambda) = 300x^{2/3}y^{1/3} + \lambda(x + y - 60{,}000)$
$P_x = 300 \cdot \dfrac{2}{3} x^{-1/3}y^{1/3} + \lambda = 200x^{-1/3}y^{1/3} + \lambda = 0$
$P_y = \dfrac{1}{3} \cdot 300x^{2/3}y^{-2/3} + \lambda = 100x^{2/3}y^{-2/3} + \lambda = 0$
$P_\lambda = x + y - 60{,}000$
We get $\lambda = -200x^{-1/3}y^{1/3} = -100x^{2/3}y^{-2/3}$, or $2x^{-1/3}y^{1/3} = x^{2/3}y^{-2/3}$
Multiplying both sides by $x^{1/3}y^{2/3}$, $2y = x$.

Substituting in the third equation, $2y + y = 60,000$
$$3y = 60,000$$
$$y = 20,000$$
Then $x = 2(20,000) = 40,000$.
When $60,000 can be spent on production and advertising, the maximum profit will occur if $40,000 is spent on production and $20,000 on advertising.

(b) $|\lambda| = 200x^{-\frac{1}{3}}y^{\frac{1}{3}} = (200)(40,000)^{-\frac{1}{3}}(20,000)^{\frac{1}{3}} \approx 159$.
When $40,000 is spent on production and $20,000 is spent on advertising, profit increases by about $159 for each additional dollar spent.

49. $\int_0^4 \int_{-1}^1 2xe^{2y} \, dy \, dx = \int_0^4 2x(\frac{1}{2} e^{2y})\Big|_{y=-1}^1 dx$
$$= \int_0^4 x(e^2 - e^{-2}) \, dx$$
$$= (e^2 - e^{-2})(\frac{x^2}{2})\Big|_0^4$$
$$= (e^2 - e^{-2})(\frac{16}{2} - 0) = 8(e^2 - e^{-2})$$

53. The volume under the surface $f(x,y) = 8 - x - y$ and above the region
$= \{(x,y) \mid 0 \le x \le 2, \ 0 \le y \le 4\}$ is
$\iint_R (8 - x - y) \, dx \, dy = \int_0^2 \int_0^4 (8 - x - y) \, dy \, dx$
$$= \int_0^2 (8y - xy - \frac{y^2}{2})\Big|_{y=0}^4 dx$$
$$= \int_0^2 [(32 - 4x - 8) - (0 - 0 - 0)] \, dx$$
$$= \int_0^2 (24 - 4x) \, dx$$
$$= (24x - 2x^2)\Big|_0^2$$
$$= 24(2) - 2(4) - 0 = 40 \text{ cubic units}$$

57. The average population is
$\frac{1}{\text{area of } R} \iint_R P(x,y) \, dx \, dy$
$= \frac{1}{(4)(4)} \int_{-2}^2 \int_{-2}^2 (12,000 + 100x - 200y) \, dx \, dy$
$= \frac{1}{16} \int_{-2}^2 (12,000x + 50x^2 - 200xy)\Big|_{x=-2}^2 dy$
$= \frac{1}{16} \int_{-2}^2 [(24,000 + 200 - 400y) - (-24,000 + 200 + 400y)] \, dy$
$= \frac{1}{16} \int_{-2}^2 (48,000 - 800y) \, dy$

$$= \frac{1}{16} (48,000y - 400y^2) \Big|_{-2}^{2}$$

$$= \frac{1}{16} [(96,000 - 1600) - (-96,000 - 1600)]$$

$$= \frac{192,000}{16} = 12,000.$$

The average population over the region is 12,000 people per square mile.

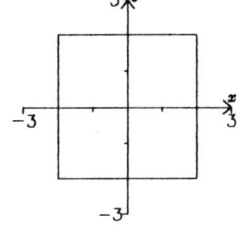

NOTES

NOTES

NOTES

NOTES

NOTES

NOTES

NOTES